高职高专规划教材

# 空气环境监测

彭娟莹　主　编

方　晖　欧阳彬　副主编

化学工业出版社

·北京·

本书分为三个模块，十个项目。第一个模块为基本素质能力模块，主要介绍空气环境监测的基本知识和技能，分别涵盖布点、采样、数据处理的有关知识；第二个模块为专业核心技能模块，主要介绍空气环境监测的专业知识和技能，分别涵盖气象参数、颗粒态污染物和气态污染物的测定分析方法；第三个模块为综合能力培养模块，主要以环境空气、室内环境空气和固定污染源废气三个方面的实际项目为案例进行空气环境监测综合实训，使学习者能在前两个模块学习的基础上将理论与实际案例相结合。

本书为高职高专环境监测专业及环境类其他各专业使用的教材，同时也可作为大中专院校、环境保护相关企事业单位及职业资格考证的培训教材，还可供从事监测工作的人员参考。

**图书在版编目（CIP）数据**

空气环境监测/彭娟莹主编 . —北京：化学工业出版社，2015.12（2024.7重印）
高职高专规划教材
ISBN 978-7-122-25333-0

Ⅰ.①空… Ⅱ.①彭… Ⅲ.①大气环境-环境监测-高等职业教育-教材 Ⅳ.①X831

中国版本图书馆 CIP 数据核字（2015）第 240455 号

---

责任编辑：王文峡 　　　　　　　　　　　文字编辑：林　媛
责任校对：宋　玮 　　　　　　　　　　　装帧设计：尹琳琳

---

出版发行：化学工业出版社（北京市东城区青年湖南街 13 号　邮政编码 100011）
印　　刷：北京云浩印刷有限责任公司
装　　订：三河市振勇印装有限公司
710mm×1000mm　1/16　印张 10¾　字数 203 千字　2024 年 7 月北京第 1 版第 10 次印刷

---

购书咨询：010-64518888 　　　　　　　　售后服务：010-64518899
网　　址：http://www.cip.com.cn
凡购买本书，如有缺损质量问题，本社销售中心负责调换。

---

定　　价：28.00 元

# 高职高专环境教材
## 编审委员会

# 前　言

　　人类的生存离不开阳光、空气和水，一个人只要几分钟不呼吸新鲜清洁的空气，生命就会消失，可见空气对生命的重要性。而如今，由于自然和人为的许多原因，人类赖以生存的空气中含有大量的有毒有害污染物，导致空气污染，使人们感到不舒服，甚至致病。进行空气监测，是了解空气中各种污染物的浓度及分布状况的有力技术手段，是进行环境管理、环境规划、环境评价以及空气污染控制与治理工作的基础。

　　根据教育部有关高职高专教材建设的文件精神，适应目前高职高专项目化课程教学法改革的要求，并满足高等学校环境类专业对空气环境监测教材的要求，编者根据多年空气环境监测项目化教学改革的经验，编写了本教材。本教材采用全新的编排结构，将原有的以章节为分段的学科体系式教学改为实践性和开放性的项目化教学体系，根据社会对环境监测人才专业水平与能力的要求，以职业能力培养为主线，同时把素质教育渗透到教学全过程，以达到人才培养与职业标准对接，人才培养与岗位技能对接为目的而构建的课程体系。本教材在内容的编写上，以提高操作技能为主要目标，改变了传统的复杂专业知识教学方式，分模块分任务来进行课程整体设计，突出以学生为主体的设计理念，以项目和任务作为课程教学内容的载体。

　　本书主要适用于高职高专环境监测专业及环境类其他各专业使用；同时，也可作为大中专院校、环境保护相关企事业单位及职业资格考证的培训教材。

　　本书由彭娟莹任主编，方晖和欧阳彬任副主编。其中模块一中的项目一、模块二中的项目三由彭娟莹（长沙环境保护职业技术学院）编写；模块一中的项目二由刘军（中国环境管理干部学院）编写；模块一中的项目三由卓玉国（中国环境管理干部学院）编写；模块二中的项目一、项目二由方晖（长沙环境保护职业技术学院）编写；模块二中的项目四由欧阳彬（长沙环境保护职业技术学院）编写；模块三由赵根成（长沙环境保护职业技术学院）编写。

　　由于作者的水平所限，书中难免存在不妥之处，敬请各位读者给予批评指正。

编　者

2015 年 6 月于长沙

# 目　录

# 模块一　基本素质能力模块
## ——空气环境监测的基础知识与技能

## 项目一　课程导入

### 一、空气环境监测概述

空气是人类赖以生存的必需要素之一，环境空气质量的好坏直接关系到人类的身体健康甚至生命安全。然而，随着我国城市化和工业化的快速发展与能源消耗的迅速增加，大气污染日益严重，已成为我国面临的重大环境挑战之一。20世纪70年代期间，煤烟型污染排放成为我国工业城市的特点；80年代，我国许多南方城市遭到了严重的酸雨危害；近年来，汽车尾气排放的臭氧、氮氧化物、一氧化碳及随后形成的光化学烟雾，以及雾霾，使得许多大城市的空气质量恶化。

根据2013年公布的《2012年我国环境状况公报》中的数据显示：2012年2月，《环境空气质量标准》(GB 3095—2012) 正式公布，截至2012年底，京津冀、长三角、珠三角等重点区域以及直辖市、省会城市和计划单列市共74个城市建成符合空气质量新标准的监测网并开始监测，按照新标准对二氧化硫、二氧化氮和可吸入颗粒物评价结果表明，地级以上城市达标比例为40.9%，环保重点城市达标比例为23.9%。2012年，监测的466个市（县）中，出现酸雨的市（县）215个，占46.1%，酸雨发生频率在25%以上的城市133个，占28.5%，酸雨发生频率在75%以上的城市56个，占12.0%。

2013年全国城市环境空气质量也不容乐观。中国气象局基于能见度的观测结果表明，2013年全国平均霾日数为35.9天，比上年增加18.3天，为1961年以来最多。中东部地区雾和霾天气多发，华北中南部至江南北部的大部分地区雾和霾日数范围为50~100天，部分地区超过100天。环境保护部基于空气质量的监测结果表明，2013年1月和12月，中国中东部地区发生了2次较大范围区域性灰霾污染。两次灰霾污染过程均呈现出污染范围广、持续时间长、污染程度严重、污染物浓度累积迅速等特点，且污染过程中首要污染物均以 $PM_{2.5}$ 为主。其中，1月份的灰霾污染过程接连出现17天，造成74个城市发生677天次的重度及以上污染天气，其中重度污染477天次，严重污染200天次。污染较重的区域主要为京津冀及周边地区，特别是河北南部地区，石家庄、邢台等为污染最重城市。2013 年 12 月 1 日至 9 日，中东部地区集中发生了严重的灰霾污染过程，造成 74 城市发生 271 天次的重度及以上污染天气，其中重度污染 160 天次，严重污染 111 天次。污染较重的区域主要为长三角区域、京津冀及周边地区和东北部分地区，长三角区域为污染最重地区。

在世界范围内，迄今为止已发生了多次重大环境污染事件，造成大气污染，最终导致大量人口中毒或死亡，例如马斯河谷烟雾事件、伦敦烟雾事件、洛杉矶光化学烟雾事件、四日市哮喘事件等公害事件。大气污染与人群的许多疾病，特别是呼吸系统疾病、心血管疾病、免疫系统疾病、肿瘤的患病率和死亡率密切相关。全球每年由于城市空气污染造成大约 80 万人死亡，亚洲地区每年因大气污染造成 48.7 万多人死亡。

空气环境监测是用科学的布点、采样和分析测量方法等对空气污染物或空气环境行为进行长时间定期或连续测定，以获取能反映空气质量的代表性数据的过程。监测部门对环境空气实施有效监测，客观反映环境空气质量状况，可以为环境管理部门实现科学决策提供重要保障。因此，对环境空气污染物进行有效的监测十分必要。

## 二、空气环境监测技术趋势

### （一）环境空气和废物采样技术

污染物在环境空气和废气中的存在形态可分为气态、颗粒态和两态共存三种情况。

#### 1. 气态污染物

气态污染物常用的采样方式有直接采样、有动力采样以及被动采样等。

当空气中被测组分浓度较高或方法灵敏度足够高时，可直接采集一定量的气体样品用于分析。直接采样的结果表征的是瞬间或短时内的平均情况，采样容器可使用注射器、塑料袋或固定容器，采样容器的清洁度、气密性和内表面惰性将直接影响分析结果。

直接采样实际工作中常用的多为采样袋和苏玛罐。苏玛罐在采样前需经过专用的清罐仪进行清洗。一般的清洗流程为：使用专用的加热套对苏玛罐加热，通入高纯氮气，再抽真空，反复多次，直至经质谱分析无杂质。将苏玛罐在实验室抽成真空（250Pa 以下），带到采样现场后，打开阀门瞬时将空气抽入罐中，也可以在苏玛罐上安装限流阀，采集某时段内的环境空气样品。这两种采样容器均可用于较洁净环境空气样品的采集，对于废气样品，使用苏玛罐采集后罐子清洗难度加大，故建议采用采样袋，一次性使用采集废气样品。

有动力采样法使用抽气泵，空气样品通过吸收瓶中的吸收介质后，目标污染物便浓缩于吸收介质中。吸收介质通常用液体和多孔状的固体颗粒物，其不仅浓缩了待测污染物，提高了分析灵敏度，且有利于去除干扰物质和选择不同原理的分析方法。一般需要根据分析组分的不同，选择合适的吸附剂。常用的有动力采样方式有溶液吸收法和填充柱法。

被动式采样法是基于气体分子扩散或渗透原理采集空气中气态或蒸气态污染物的采样方法，它不需要任何电源或抽气动力进行连续采样。被动采样器的构造类型也比较多样，如按国际通用标准设计的管式、徽章式等。

被动采样方法虽然无法对污染物浓度进行实时监测，但其对污染物平均浓度较准确的定量能在许多方面得到应用，如对污染物进行长时间、大范围、高密度地监测，对污染物时空分布给出结果，也可用来对污染物进行预评估来确定主动采样站点位置，对主动采样站点的代表性进行评估和验证，其造价低、操作简单、不需要电源，能方便应用于偏远、基础设施薄弱的地区，可作为主动采样方法的有效补充。

2. 颗粒态污染物

空气中颗粒物的采样主要有自然沉积法和滤料法。自然沉积法主要用于采集粒径大于 $30\mu m$ 的颗粒物。滤料法根据粒子切割器和采样流速等条件的不同，分别用于采集空气中不同粒径的颗粒物。目前，商品化的颗粒物采样器常见的有针对 $PM_{2.5}$、$PM_{10}$ 和 TSP（总悬浮颗粒物）的采样器，常用的为集多种粒径颗粒样品采样于一身的采样器。这些采样器被广泛地应用于科学研究及实际监测工作中颗粒态污染物样品的采集。

3. 两态共存污染物

对于气态、颗粒态两种形态共存的污染物，早在 20 世纪 80 年底就有文献提出了利用玻璃纤维滤膜拦截大气颗粒物、利用聚氨基甲酸乙酯泡沫采集吸附气态污染物的样品采集方法。

目前常用的大流量采样器也同样是利用 XAD-2、Tenax、聚氨基甲酸乙酯泡沫等介质吸附气态污染物，利用玻璃纤维滤膜、石英纤维滤膜和铝箔滤膜等介质吸附固态颗粒物。随后人们又研制出了扩散溶蚀采样器，它在过滤除去颗粒物之前就通过扩散吸附涂层把气相半挥发性物质从空气气流中移除，滤膜后的吸附剂则将颗粒物中挥发的污染物捕集。但目前这两种采样器都存在一定的采样误差，可能造成测得的气相或固相中的污染物含量偏高。

此外，也可根据实际情况，将前述的气态、颗粒态两种形态污染物的采集方式有机结合起来用于目标污染物的采集。

## （二）环境空气和废气样品的前处理与分析测试技术

### 1. 气态污染物

直接采样得到的气体样品一般不需特别的前处理步骤，通常经多级冷阱将气体样品浓缩为微量的液体样品，引入仪器测定。

苏玛罐采样、气相色谱-质谱仪分析是直接采样最常用的测定方式。苏玛罐是美国 EPA 空气监测规定的用于采集和存储气态挥发性有机物的一种空气采样罐。罐的内表面经过特殊的钝化处理，以保证采集的样品组分在存储过程中保持稳定。苏玛罐的容积有不同规格，可根据需要选择。气相色谱联用技术既保留了气相色谱的大部分优点，又具有质谱可以准确鉴定物质结构的特点。它采用化合物的质谱图鉴定化合物类别，保证了定性的准确性。在有机物污染物分析中，特别是多组分有机污染物分析中应用十分普遍。

使用溶剂吸收法采样，目标物被吸收富集于吸收液中，转化为水溶性阴/阳离子的目标物，一般可直接引入离子色谱分析。填充柱采样，填充柱中的吸附介质如活性炭、Tenax 吸附剂等在样品采集结束后，经溶剂解吸或热解吸将固体吸附剂上的目标物解析下来，引入气相色谱或气相色谱质谱仪测定分析。

利用被动采样器采集的气体样品，用溶剂萃取或索氏提取吸附介质中的有机目标物、无机目标物，再视情况使用分光光度计或离子色谱仪测定，有机目标物一般引入气相色谱-质谱分析。

### 2. 颗粒态污染物

目前，颗粒态中有机污染物的采样多使用滤膜安装于采样器中，在一定流量下连续采集若干时间。采样完成后，滤膜经提取、净化、浓缩步骤后，进入GC、GC/MS、HPLC 或 HPLC/MS 分析测定。颗粒物中有机污染物的采集常采用玻璃纤维滤膜，它具有各向同性好、孔径分布均匀、定量偏差小、耐热、阻燃、耐水等特点。一般需要将玻璃纤维滤膜在 420℃烘烤 12h 后再使用。

附着于颗粒物上的无机物一般可分为金属元素和其他化合物。对于大气颗粒物中的金属元素，常用的前处理方法如硫酸-灰化法、常压混酸消解法、高压消解法、索氏提取法等。经前处理步骤后，颗粒物中的金属污染物可采用原子吸收光谱仪（AAS）、电感耦合等离子体发射仪（ICP-AES）、电感耦合等离子体质谱仪（ICP-MS）等进行测定。

颗粒物中除金属外的水溶性离子则可以通过分光光度计、离子色谱仪分析。

### 3. 两态共存污染物

样品采集后，用于采集气态和颗粒态污染物的滤纸、滤膜分别经溶剂提取后，即可用于仪器分析。

无机物如 $HCl$、$HNO_3$、$SO_2$ 等污染物经提取富集后，可用离子色谱测定，$NH_3$ 经提取富集后，可用流动注射荧光法测定。

有机污染物样品采集后，经提取富集步骤，一般采用气相色谱或气相色谱-质谱仪进行分析。

## 三、空气环境监测质量标准

我国目前已对全国省会以上的城市及一些重点城市共 46 个，从 2000 年 6 月 5 日起发布了空气质量的信息，特别是在这些城市全部建立空气自动化监测系统以后，由发布《空气质量周报》改为发布《空气质量日报》《空气质量时报》。由"空气质量指数"和"空气质量级别"就可知道该城市的空气质量的好坏及主要污染物，对于保护环境，使人们的身体健康免受污染有着极其重要的指导意义。为贯彻落实第七次全国环境保护大会和 2012 年全国环境保护工作会议精神，加快推进我国大气污染治理，切实保障人民群众身体健康，我国环保部于 2012 年 2 月 29 日批准发布了《环境空气质量标准》(GB 3095—2012)。实施《环境空气质量标准》是新时期加强大气环境治理的客观需求。随着我国经济社会的快速发展，以煤炭为主的能源消耗大幅攀升，机动车保有量急剧增加，经济发达地区氮氧化物（$NO_x$）和挥发性有机物（$VOC_s$）排放量显著增长，臭氧（$O_3$）和细颗粒物（$PM_{2.5}$）污染加剧，在可吸入颗粒物（$PM_{10}$）和总悬浮颗粒物（TSP）污染还未全面解决的情况下，京津冀、长江三角洲、珠江三角洲等区域 $PM_{2.5}$ 和 $O_3$ 污染加重，灰霾现象频繁发生，能见度降低，迫切需要实施新的《环境空气质量标准》，增加污染物监测项目，加严部分污染物限值，以客观反映我国环境空气质量状况，推动大气污染防治。

### （一）空气质量标准及执行原则

1. 《环境空气质量标准》(GB 3095—2012) 的实施方法

我国不同地区的空气污染特征、经济发展水平和环境管理要求差异较大，新增指标监测需要开展仪器设备安装、数据质量控制、专业人员培训等一系列准备工作。为确保各地有仪器、有人员、有资金，做到测得出、测得准、说得清，确保按期实施新修订的《环境空气质量标准》，实行分期实施新标准的方法：

① 2012 年，京津冀、长三角、珠三角等重点区域以及直辖市和省会城市；

② 2013 年，113 个环境保护重点城市和国家环保模范城市；

③ 2015 年，所有地级以上城市；

④ 2016 年 1 月 1 日，全国实施新标准。

2. 环境空气功能区分类和质量要求

环境空气功能区分为两类：一类区为自然保护区、风景名胜区和其他需要特

殊保护的区域；二类区为居住区、商业交通居民混合区、文化区、工业区和农村
地区。

一类区适用于一级浓度限值，二类区适用于二级浓度限值。一、二类环境空
气功能区质量要求见表 1-1 和表 1-2。

3. 数据统计的有效性规定

任何情况下，有效的污染物浓度数据均应符合表 1-3 中的最低要求，否则应
视为无效数据。

表 1-1　环境空气污染物基本项目浓度限值　　　　单位：$\mu g/m^3$

| 序号 | 污染物项目 | 平均时间 | 浓度限值 | |
|---|---|---|---|---|
| | | | 一级 | 二级 |
| 1 | 二氧化硫（$SO_2$） | 年平均 | 20 | 60 |
| | | 24h 平均 | 50 | 150 |
| | | 1h 平均 | 150 | 500 |
| 2 | 二氧化氮（$NO_2$） | 年平均 | 40 | 40 |
| | | 24h 平均 | 80 | 80 |
| | | 1h 平均 | 200 | 200 |
| 3 | 一氧化碳（CO）/（$mg/m^3$） | 24h 平均 | 4 | 4 |
| | | 1h 平均 | 10 | 10 |
| 4 | 臭氧（$O_3$） | 日最大 8h 平均 | 100 | 160 |
| | | 1h 平均 | 160 | 200 |
| 5 | 颗粒物 $PM_{10}$ | 年平均 | 40 | 70 |
| | | 24h 平均 | 50 | 150 |
| 6 | 颗粒物 $PM_{2.5}$ | 年平均 | 15 | 35 |
| | | 24h 平均 | 35 | 75 |

表 1-2　环境空气污染物其他项目浓度限值　　　　单位：$\mu g/m^3$

| 序号 | 污染物项目 | 平均时间 | 浓度限值 | |
|---|---|---|---|---|
| | | | 一级 | 二级 |
| 1 | 总悬浮颗粒物（TSP） | 年平均 | 80 | 200 |
| | | 24h 平均 | 120 | 300 |
| 2 | 氮氧化物（$NO_x$） | 年平均 | 50 | 50 |
| | | 24h 平均 | 100 | 100 |
| | | 1h 平均 | 250 | 250 |

| 序号 | 污染物项目 | 平均时间 | 浓度限值 | |
|---|---|---|---|---|
| | | | 一级 | 二级 |
| 3 | 铅（Pb） | 年平均 | 0.5 | 0.5 |
| | | 季平均 | 1 | 1 |
| 4 | 苯并[a]芘（B[a]P） | 年平均 | 0.001 | 0.001 |
| | | 24h 平均 | 0.0025 | 0.0025 |

表 1-3　污染物浓度数据有效性的最低要求

| 污染项目 | 平均时间 | 数据有效性规定 |
|---|---|---|
| $SO_2$、$NO_2$、$PM_{10}$、$PM_{2.5}$、$NO_x$ | 年平均 | 每年至少有 324 个日平均浓度值<br>每月至少有 27 个日平均浓度值<br>（两月至少有 25 个日平均浓度） |
| $SO_2$、$NO_2$、$CO$、$PM_{10}$、$PM_{2.5}$、$NO_x$ | 24h 平均 | 每日至少有 20 个小时平均浓度值或采样时间 |
| $O_3$ | 8h 平均 | 每 8h 至少有 6h 平均浓度值 |
| $SO_2$、$NO_2$、$CO$、$O_3$、$NO_x$ | 1h 平均 | 每小时至少有 45min 的采样时间 |
| TSP、B[a]P、Pb | 年平均 | 每年至少有分布均匀的 60 个日平均浓度值<br>每月至少有分布均匀的 5 个日平均浓度值 |
| Pb | 季平均 | 每季至少有分布均匀的 15 个日平均浓度值<br>每月至少有分布均匀的 5 个日平均浓度值 |
| TSP、B[a]P、Pb | 24h 平均 | 每日应有 24h 的采样时间 |

## （二）空气质量指数计算方法

### 1. 空气质量指数的计算

污染物项目 P 的空气质量分指数 $IAQI_p$ 计算：

$$IAQI_p = \frac{IAQI_{Hi} - IAQI_{L0}}{BP_{Hi} - BP_{L0}}(C_p - BP_{L0}) + IAQI_{L0} \qquad (1\text{-}1)$$

式中　$IAQI_p$——污染物项目 P 的空气质量分指数；

　　　$C_p$——污染物项目 P 的质量浓度值；

　　　$BP_{Hi}$——表 1-4 中与 $C_p$ 相近的污染物浓度限值的高位值；

　　　$BP_{L0}$——表 1-4 中与 $C_p$ 相近的污染物浓度限值的低位值；

　　　$IAQI_{Hi}$——表 1-4 中与 $BP_{Hi}$ 对应的空气质量分指数；

$IAQI_{L0}$——表 1-4 中与 $BP_{L0}$ 对应的空气质量分指数。

质量指数的计算结果只保留整数，小数点后的数值全部进位。

**表 1-4　空气质量分指数及对应的污染物项目浓度限值**

| 空气质量分指数 $IAQI$ | 污染物项目浓度限值 | | | | | | | | | |
|---|---|---|---|---|---|---|---|---|---|---|
| | $SO_2$ 24h 平均 /$(\mu g/m^3)$ | $SO_2$ 1h 平均 /$(\mu g/m^3)$① | $NO_2$ 24h 平均 /$(\mu g/m^3)$ | $NO_2$ 1h 平均 /$(\mu g/m^3)$ | $PM_{10}$ 24h 平均 /$(\mu g/m^3)$ | CO 24h 平均 /$(\mu g/m^3)$ | CO 1h 平均 /$(\mu g/m^3)$ | $O_3$ 24h 平均 /$(\mu g/m^3)$ | $O_3$ 8h 滑动平均 /$(\mu g/m^3)$ | $PM_{2.5}$ 24h 平均 /$(\mu g/m^3)$ |
| 0 | 0 | 0 | 0 | 0 | 0 | 0 | 0 | 0 | 0 | 0 |
| 50 | 50 | 150 | 40 | 100 | 50 | 2 | 5 | 160 | 100 | 35 |
| 100 | 150 | 500 | 80 | 200 | 150 | 4 | 10 | 200 | 160 | 75 |
| 150 | 475 | 650 | 180 | 700 | 250 | 14 | 35 | 300 | 215 | 115 |
| 200 | 800 | 800 | 280 | 1200 | 350 | 24 | 60 | 400 | 265 | 150 |
| 300 | 1600 | ② | 565 | 2340 | 420 | 36 | 90 | 800 | 800 | 250 |
| 400 | 2100 | ② | 750 | 3090 | 500 | 48 | 120 | 1000 | ③ | 350 |
| 500 | 2620 | ② | 940 | 3840 | 600 | 60 | 150 | 1200 | ③ | 500 |

① 二氧化硫（$SO_2$）、二氧化氮（$NO_2$）和一氧化碳（CO）的 1h 平均浓度限值仅用于实时报，在日报中需使用相应污染物的 24h 平均浓度值。

② 二氧化硫（$SO_2$）1h 平均浓度值高于 $800\mu g/m^3$ 的，不再进行其空气质量分指数计算，二氧化硫（$SO_2$）空气质量分指数按 24h 平均浓度计算的分指数报告。

③ 臭氧（$O_3$）8h 平均浓度值高于 $800\mu g/m^3$ 的，不再进行其空气质量分指数计算，臭氧（$O_3$）空气质量分指数按 1h 平均浓度计算的分指数报告。

**2. 空气质量指数的确定方法**

各种污染物的质量分指数都计算出以后，取最大者为该区域或城市的空气质量指数 $AQI$，则该项污染物即为该区域或城市空气中的首要污染物，$IAQI$ 大于 100 的污染物为该区域或城市空气中的超标污染物。

$$AQI = \max\{IAQI_1, IAQI_2, IAQI_3, \cdots, IAQI_n\} \tag{1-2}$$

式中　$IAQI$——空气质量分指数；

　　　$n$——污染物项目。

**【例 1-1】** 假定某地区 $SO_2$ 的时均监测值为 $315\mu g/m^3$，其质量分指数的计算如下。按照表 1-4 $SO_2$ 的时均实测浓度 $315\mu g/m^3$ 介于 $150\mu g/m^3$ 和 $500\mu g/m^3$ 之间，浓度限值对应的 $IAQI_{L0}=50$，$IAQI_{Hi}=100$，则 $SO_2$ 的质量分指数为：

$$IAQI_{SO_2} = \frac{IAQI_{Hi} - IAQI_{L0}}{BP_{Hi} - BP_{L0}}(C_{SO_2} - BP_{L0}) + IAQI_{L0}$$

$$IAQI_{SO_2} = \frac{100-50}{500-150} \times (315-150) + 50 = 74$$

这样，SO$_2$的质量分指数为74，用相似方法由其他污染物的监测浓度计算分指数假如分别为105（O$_3$）、75（NO$_2$）和54（CO），则总体上取质量分指数最大者报告该地区某时段的空气质量指数：

$$AQI = \max(74, 105, 75, 54) = 105$$

首要污染物为臭氧（O$_3$）。

**3. 空气质量指数的发布与空气质量的级别**

空气质量监测点位日报和实时报的发布内容包括评价时段、监测点位置、各污染物的浓度及空气质量分指数、空气质量指数、首要污染物及空气质量级别，报告时说明监测指标和缺项指标。日报和实时报由地级以上（含地级）环境保护行政主管部门或其授权的环境监测站发布。空气质量指数及相关信息见表1-5，空气质量指数日报和实报数据格式见表1-6和表1-7。

当质量指数 $AQI$ 值小于50时，则不报告首要污染物。

**表 1-5 空气质量指数及相关信息**

| 空气质量指数 | 空气质量指数级别 | 空气质量指数类别及表示颜色 | | 对健康影响情况 | 建议采取的措施 |
|---|---|---|---|---|---|
| 0～50 | 一级 | 优 | 绿色 | 空气质量令人满意，基本无空气污染 | 各类人群可正常活动 |
| 51～100 | 二级 | 良 | 黄色 | 空气质量可接受，但某些污染物可能对极少数异常敏感人群健康有较弱影响 | 极少数异常敏感人群应减少户外活动 |
| 101～150 | 三级 | 轻度污染 | 橙色 | 易感人群症状有轻度加剧，健康人群出现刺激症状 | 儿童、老年人及心脏病、呼吸系统疾病患者应减少长时间、高强度的户外锻炼 |
| 151～200 | 四级 | 中度污染 | 红色 | 进一步加剧易感人群症状，可能对健康人群心脏、呼吸系统有影响 | 儿童、老年人及心脏病、呼吸系统疾病患者应避免长时间、高强度的户外锻炼，一般人群适当减少户外运动 |
| 201～300 | 五级 | 重度污染 | 紫色 | 心脏病和肺病患者症状显著加剧，运动耐受力降低，健康人群普遍出现症状 | 儿童、老年人和心脏病、肺病患者应停留在室内，停止户外运动，一般人群减少户外运动 |
| ＞300 | 六级 | 严重污染 | 褐红色 | 健康人群运动耐受力降低，有明显强烈症状，提前出现某些疾病 | 儿童、老年人和病人应停留在室内，避免体力消耗，一般人群应避免户外活动 |

**表1-6 空气质量指数日报数据格式**

时间:20××年××月××日

| 城市名称 | 监测点位名称 | 二氧化硫(SO₂)24h平均 浓度/(μg/m³) | 分指数 | 二氧化氮(NO₂)24h平均 浓度/(μg/m³) | 分指数 | 颗粒物(粒径小于10μm)24h平均 浓度/(μg/m³) | 分指数 | 一氧化碳(CO)24h平均 浓度/(μg/m³) | 分指数 | 臭氧(O₃)最大1h平均 浓度/(μg/m³) | 分指数 | 颗粒物(粒径小于2.5μm)24h平均 浓度/(μg/m³) | 分指数 | 空气质量指数(AQI) | 首要污染物 | 空气质量指数级别 | 空气质量指数类别 | 颜色 |
|---|---|---|---|---|---|---|---|---|---|---|---|---|---|---|---|---|---|---|
| | | | | | | | | | | | | | | | | | | |

注:缺测指标的浓度及分指数均使用 NA 标识。

**表1-7 空气质量指数实时报数据格式**

时间:20××年××月××日××时

| 城市名称 | 监测点位名称 | 二氧化硫(SO₂)1h平均 浓度/(μg/m³) | 分指数 | 二氧化氮(NO₂)1h平均 浓度/(μg/m³) | 分指数 | 颗粒物(粒径小于10μm)1h平均 24h滑动平均 浓度/(μg/m³) | 分指数 | 一氧化碳(CO)1h平均 浓度/(mg/m³) | 分指数 | 臭氧(O₃)1h平均 8h滑动平均 浓度/(μg/m³) | 分指数 | 颗粒物(粒径小于2.5μm)1h平均 24h滑动平均 浓度/(μg/m³) | 分指数 | 空气质量指数(AQI) | 空气质量指数级别 | 类别 | 颜色 |
|---|---|---|---|---|---|---|---|---|---|---|---|---|---|---|---|---|---|
| | | | | | | | | | | | | | | | | | |

注:缺测指标的浓度及分指数均使用 NA 标识。

## 四、学习要求

本课程是一门实践性较强的专业技术课程，要求学生在具备一般化学分析的基础上，重点掌握对空气环境中的污染物质进行采样的技能；掌握空气污染物检测分析中常用的各种化学分析法、仪器分析方法；掌握各种污染物质的分析标准方法；掌握对监测数据进行处理和评价的方法。

学习本课程时，要求学生树立辩证唯物主义的科学态度，理论与实际相结合。在课堂学习中，对各种分析方法及有关原理必须深刻理解、融会贯通。实验过程中要求耐心细致、实事求是，养成良好的工作作风。

通过本课程的学习，培养学生的动手能力、独立思考能力、分析问题和解决问题的能力，培养学生初步具备开展科学研究工作的能力。

## 项目二 ▶ 监测准备

# 一、布点方法

## （一）环境空气质量监测网点的布设

环境空气质量监测网点的布设方法有经验法、统计法和模式法等。在一般监测工作中，常用经验法。

1. 布设采样点的原则

依据《环境空气质量监测点位技术规范》（HJ 664—2013），环境空气质量监测点位布设原则如下。

（1）代表性　具有良好的代表性，能客观反映一定空间范围内的环境空气质量水平和变化规律，客观评价城市、区域环境空气状况，污染源对环境空气质量影响，满足为公众提供环境空气状况健康指引的需求。

（2）可比性　同类型监测点设置条件尽可能一致，使各监测点获取的数据具有可比性。

（3）整体性　环境空气质量评价城市点应考虑城市自然地理、气象等综合环境因素，以及工业布局、人口分布等社会经济特点，在布局上应反映城市主要功能区和主要大气污染源的空气质量现状及变化趋势，从整体出发合理布局，监测点之间相互协调。

（4）前瞻性　应结合城乡建设规划考虑监测点的布设，使确定的监测点能兼顾未来城乡空间格局变化趋势。

（5）稳定性　监测点位置一经确定，原则上不应变更，以保证监测资料的连续性和可比性。

2. 布设采样点的要求

依据《环境空气质量监测点位技术规范》（HJ 664—2013），环境空气质量监测点位布设要求如下。

（1）环境空气质量评价城市点

① 位于各城市的建成区内，并相对均匀分布，覆盖全部建成区。

② 采用城市加密网格点实测或模式模拟计算的方法，估计所在城市建成区污染物浓度的总体平均值。全部城市点的污染物浓度的算术平均值应代表所在城市建成区污染物浓度的总体平均值。

③ 城市加密网格点实测是指将城市建成区均匀划分为若干加密网格点，单个网格不大于 2km×2km（面积大于 200km² 的城市也可适当放宽网格密度），在每个网格中心或网格线的交点上设置监测点，了解所在城市建成区的污染物整体浓度水平和分布规律，监测项目包括 GB 3095—2012 中规定的 6 项基本项目（可根据监测目的增加监测项目），有效监测天数不少于 15 天。

④ 模式模拟计算是通过污染物扩散、迁移及转化规律，预测污染分布状况进而寻找合理的监测点位的方法。

⑤ 拟新建城市点的污染物浓度的平均值与同一时期用城市加密网格点实测或模式模拟计算的城市总体平均值估计值相对误差应在 10% 以内。

⑥ 应采取措施保证监测点附近 1000m 内的土地使用状况相对稳定。

⑦ 点式监测仪器采样口周围，监测光束附近或开放光程监测仪器发射光源到监测光束接收端之间不能有阻隔环境空气流通的高大建筑物、树木或其他障碍物。从采样口或监测光束到附近最高障碍物之间的水平距离，应为该障碍物与采样口或监测光束高度差的两倍以上，或从采样口至障碍物顶部与地平线夹角应小于 30°。

⑧ 采样口周围水平面应保证 270° 以上的捕集空间，如果采样口一边靠近建筑物，采样口周围水平面应有 180° 以上的自由空间。对于手工采样，其采样口离地面的高度应在 1.5~15m 范围内；对于自动监测，其采样口或监测光束离地面的高度应在 3~20m 范围内；在建筑物上安装监测仪器时，监测仪器的采样口离建筑物墙壁、屋顶等支撑物表面的距离应大于 1m；当某监测点需设置多个采样口时，为防止其他采样口干扰颗粒物样品的采集，颗粒物采样口与其他采样口之间的直线距离应大于 1m。若使用大流量总悬浮颗粒物（TSP）采样装置进行并行监测，其他采样口与颗粒物采样口的直线距离应大于 2m。

⑨ 监测点附近无强大的电磁干扰，周围有稳定可靠的电力供应和避雷设备，通信线路容易安装和检修。

⑩ 应考虑监测点位设置在机关单位及其公共场所时，保证通畅、便利的出入通道及条件，在出现突发状况时，可及时赶到现场进行处理。采样口周围至少

50m 范围内无明显固定污染源，为避免车辆尾气等直接对监测结果产生干扰，采样口与道路之间最小间隔距离应按表 1-8 的要求确定。

表 1-8 仪器采样口与交通道路之间最小间隔距离

| 道路日平均机动车流量（日平均车辆数） | 采样口与交通道路边缘之间最小距离/m | |
|---|---|---|
| | $PM_{10}$、$PM_{2.5}$ | $SO_2$、$NO_2$、CO 和 $O_3$ |
| ≤3000 | 25 | 10 |
| 3000～6000 | 30 | 20 |
| 6000～15000 | 45 | 30 |
| 15000～40000 | 80 | 60 |
| ＞40000 | 150 | 100 |

（2）环境空气质量评价区域点、背景点

① 区域点和背景点应远离城市建成区和主要污染源，区域点原则上应离开城市建成区和主要污染源 20km 以上，背景点原则上应离开城市建成区和主要污染源 50km 以上。

② 区域点应根据我国的大气环流特征设置在区域大气环流路径上，反映区域大气本底状况，并反映区域间和区域内污染物输送的相互影响。

③ 背景点设置在不受人为活动影响的清洁地区，反映国家尺度空气质量本底水平。

④ 区域点和背景点的海拔高度应合适。在山区应位于局部高点，避免受到局地空气污染物的干扰和近地面逆温层等局地气象条件的影响；在平缓地区应保持在开阔地点的相对高地，避免空气沉积的凹地。

⑤ 区域点和背景点周边向外的大视野需 360°开阔，1～10km 方圆距离内应没有明显的视野阻断。

（3）污染监控点

① 污染监控点原则上应设在可能对人体健康造成影响的污染物高浓度区以及主要固定污染源对环境空气质量产生明显影响的地区。

② 污染监测点依据排放源的强度和主要污染项目布设，应设置在源的主导风向和第二主导风向（一般采用污染最重季节的主导风向）的下风向的最大落地浓度区内，以捕捉到最大污染特征为原则进行布设。

③ 对于固定污染源较多且比较集中的工业园内等，污染源监控点原则上应设置在主导风向和第二主导风向（一般采用污染最重季节的主导风向）的下风向的工业园区边界，兼顾排放强度最大的污染源及污染项目的最大落地浓度。

④ 地方环境保护行政主管部门可根据监测目的确定点位布设原则增设污染

监控点，并实时发布监测信息。

（4）路边交通点

① 对于路边交通点，一般应在行车道的下风侧，根据车流量的大小、车道两侧的地形、建筑物的分布情况等确定路边交通点的位置，采样口距道路边缘距离不得超过20m。

② 对于路边交通点，其采样口离地面的高度应在2～5m范围内。

③ 地方环境保护行政主管部门可根据监测目的确定点位布设原则设置路边交通点，并实时发布监测信息。

3. 监测点位布设数量要求

（1）环境空气质量评价城市点　环境空气质量评价城市点的最小监测点位数量应符合表1-9要求。按建成区城市人口和建成区面积确定的最小监测点位数不同时，取两者中较大值。

表1-9　环境空气质量评价城市点设置数量要求

| 建成区城市人口/万人 | 建成区面积/km² | 最小监测点数 |
| --- | --- | --- |
| <25 | <20 | 1 |
| 25～50 | 25～50 | 2 |
| 50～100 | 50～100 | 4 |
| 100～200 | 100～200 | 6 |
| 200～300 | 200～400 | 8 |
| >300 | >400 | 按每50～60km²建成区面积设1个监测点，并且不少于10点 |

（2）环境空气质量评价区域点、背景点　环境空气质量评价区域点、背景点的数量由国家环境保护行政主管部门根据国家规划设置。

（3）污染监控点和路边交通点　污染监控点和路边交通点的数量由地方环境保护行政主管部门组织各地环境监测机构根据本地区环境管理的需要设置。

4. 监测点布设方法

监测区域内的监测点数量确定以后，可采用经验法、统计法、模拟法等进行监测点的布设。经验法是常采用的方法，特别是对尚未建立监测网或监测数据积累少的地区，需要凭借经验确定监测点的位置。其具体方法如下。

（1）功能区布点法　此布点法多用于区域性常规监测。先将监测区域划分为工业区、商业区、居住区、工业和居住混合区、交通稠密区、清洁区等，再根据具体污染情况和人力、物力条件，在各功能区分别设置一定数量的监测点。功能区监测仅能反映局部范围的污染，各城市间功能区无可比性。

（2）网格布点法　将监测区域地面划分成若干均匀网状方格，监测点设在两条直线的交点处或方格中心（见图 1-1）。网格大小视污染源强度、人口分布及人力、物力条件等确定。若主导风向明显，下风向设点应多一些，一般约占监测点总数的 60%。对于有多个污染源，且污染源分布较均匀的地区，常采用这种布点方法。它能较好地反映污染物的空间分布，如将网格划分得足够小，则将监测结果绘制成污染物浓度空间分布图，对指导城市环境规划和管理具有重要意义。

（3）同心圆布点法　主要用于多个污染源组成的污染群，且大污染源较集中的地区。先找出污染群的中心，以此为圆心在地面上画若干个同心圆，再从圆心作若干条放射线，将放射线与圆周的交点作为监测点（见图 1-2）。不同圆周上的监测点数目不一定相等或均匀分布，常年主导风向的下风向比上风向多设一些点。例如，同心圆半径分别取 4km、10km、20km、40km，从里向外各圆周上分别设 4、8、8、4 个监测点。

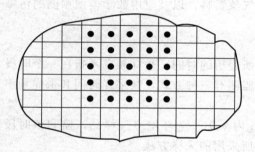

图 1-1　网格布点法

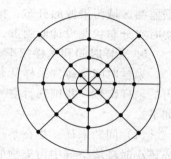

图 1-2　同心圆布点法

（4）扇形布点法　适用于孤立的高架点源，且主导风向明显的地区。以点源所在位置为顶点，主导风向为轴线，在下风向地面上划出一个扇形区作为布点范围。扇形的角度一般为 45°，也可更大些，但不能超过 90°。监测点设在扇形平面内距点源不同距离的若干弧线上（见图 1-3）。每条弧线上设 3～4 个监测点，相邻两点与顶点连线的夹角一般取 10°～20°。在上风向应设对照点。

采用同心圆和扇形布点法时，应考虑高架点源排放污染物的扩散特点。在不计污染物本底浓度时，点源脚下的污染物浓度为零，随着距离增加，将出现浓度最大值，然后按指数规律下降。因此，同心圆或弧线不宜等距离划分，而是靠近最大浓度值的地方密一些，以免漏测最大浓度的位置。至于

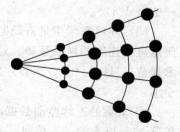

图 1-3　扇形布点法

污染物最大浓度出现的位置,与源高、气象条件和地面状况密切相关。例如,对平坦地面上 50m 高的烟囱,污染物最大地面浓度出现的位置与气象条件的关系列于表 1-10。随着烟囱高度的增加,最大地面浓度出现的位置随之增大,如在大气稳定时,高度为 100m 的烟囱排放污染物的最大地面浓度出现位置约在烟囱高度的 100 倍处。

表 1-10　50m 高烟囱排放污染物最大地面浓度出现位置与气象条件的关系

| 大气稳定度 | 最大浓度出现位置(相当于烟囱高度的倍数) |
| --- | --- |
| 不稳定 | 5～10 |
| 中性 | 20 左右 |
| 稳定 | 40 以上 |

在实际工作中,往往采用以一种布点方法为主,兼用其他方法的综合布点法。除经验法以外的,统计法适用于已积累了多年监测数据的地区;模拟法是根据监测区域污染源的分布、排放特征、气象资料,以及应用数学模型预测的污染物时空分布状况设计监测点。

5. 采样时间和采样频率

采样时间指每次采样从开始到结束所经历的时间;采样频率系指在一个时段内的采样次数。我国现行空气质量例行监测有三种方式,其采样时间和采样频率如下。

(1) 间断采样　指在某一时段或 1h 内采集一个环境空气样品,监测该时段或该小时环境空气中污染物的平均浓度所采用的采样方法。

(2) 24h 连续采样　指 24h 连续采集一个环境空气样品,监测污染物日平均浓度的采样方式。适用于环境空气中 $SO_2$、$NO_2$、$PM_{10}$、TSP、B[$a$]P、氟化物、铅的采样。

以上两种采样方式的采样频次及采样时间依据《环境空气质量标准》(GB 3095—2012)中各污染物监测数据统计的有效性规定来确定(详见项目一中表 1-3)。

(3) 环境空气质量自动监测　在监测点位采用连续自动监测仪器对环境空气质量进行连续的样品采集、处理、分析的过程。依据《环境空气质量自动监测技术规范》(HJ/T 193—2005)的规定,监测项目的数据采集频率和时间有如下要求:

① 采集的连续监测数据应能满足每小时的算术平均值计算。在每小时中采集到 75% 以上的一次值时,本小时的监测结果有效,用本小时内所有正常输出一次值的算术平均值作为该小时平均值;

②　每日气态污染物有不少于 18 个有效小时平均值，可吸入颗粒物有不少于 12 个有效小时平均值的算术平均值为有效日均值，日均值的统计时间段为北京时间前日 12：00 至当日 12：00；

③　每月不少于 21 个有效日均值的算术平均值为有效月均值；

④　每年不少于 12 个有效月均值的算术平均值为有效年均值。

## （二）废气污染源监测点的布设

废气污染源包括固定污染源和流动污染源。固定污染源又分为有组织排放源和无组织排放源。有组织排放源指烟道、烟囱及排气筒等；无组织排放源指设在露天环境中的无组织排放设施或无组织排放的车间、工棚等。流动污染源指汽车、摩托车、火车、飞机、轮船等交通运输工具排放的废气。下面介绍的是固定污染源排放的废气监测点的布设。

1. 采样点的布设方法

有组织排放源的废气样品的采集，通常是用采样管从烟道中抽取一定体积的烟气，若要获得代表性的废气样品和尽可能地节约人力、物力，需要正确地选择采样位置和确定合适的采样点数目。采样位置应避开对测试人员操作有危险的场所。

（1）烟道颗粒物采样　采样位置应优先选择在垂直管段，应避开烟道弯头和断面急剧变化的部位。采样位置应设置在距弯头、阀门、变径管等阻力构件下游方向不小于 6 倍直径，和距上述部件上游方向不小于 3 倍直径处。测试现场空间位置有限，很难满足上述要求时，可选择比较适宜的管段采样，但采样断面与弯头等阻力构件的距离至少是烟道直径的 1.5 倍，并应适当增加测点的数量和采样频次。采样断面的气流速度最好在 5m/s 以上。对矩形烟道，其当量直径 $D = 2AB/(A+B)$，式中 $A$，$B$ 为边长。

（2）气态污染物采样　由于气态污染物混合较均匀，采样位置可不受上述规定限制，但应避开涡流区。如果同时测定排气流量，采样位置仍按①选取。

2. 采样点数量

采样点的位置和数目主要根据烟道断面的形状、尺寸大小和流速分布情况确定。烟道的形状一般有圆形、矩形（或方形）、拱形，采样点的布设方法如下。

（1）圆形烟道　将测孔处烟道的断面分成一定数量的同心等面积圆环（图 1-4）。不同直径圆形烟道等面积环数和各点距烟道内壁的距离见表 1-11。若采样断面上气流速度较均匀，可设一个采样孔，采样点数减半。当烟道直径小于 0.3m、流速分布均匀时，可在烟道中心设一个采样点。原则上测点不超过 20 个。

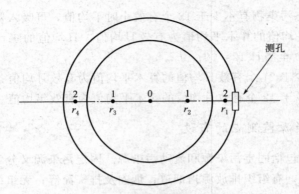

图 1-4　圆形烟道采样点设置

表 1-11　圆形烟道的分环和各点距烟道内壁的距离

| 烟道直径/m | 分环数/个 | 各测点距烟道内壁的距离（以直径为单位） | | | | | | | | | |
|---|---|---|---|---|---|---|---|---|---|---|---|
| | | 1 | 2 | 3 | 4 | 5 | 6 | 7 | 8 | 9 | 10 |
| 0.3～0.6 | 1 | 0.146 | 0.854 | | | | | | | | |
| 0.6～1.0 | 2 | 0.067 | 0.250 | 0.750 | 0.933 | | | | | | |
| 1.0～2.0 | 3 | 0.044 | 0.146 | 0.296 | 0.704 | 0.854 | 0.956 | | | | |
| 2.0～4.0 | 4 | 0.033 | 0.105 | 0.194 | 0.323 | 0.677 | 0.806 | 0.895 | 0.967 | | |
| >4.0 | 5 | 0.026 | 0.082 | 0.146 | 0.226 | 0.342 | 0.658 | 0.774 | 0.854 | 0.918 | 0.974 |

每个测点 $r_n$ 距烟道测孔的位置按下步骤进行：

① 确定测孔处烟道的直径；

② 根据直径大小确定分环数目；

③ 按每个环上确定两个测点的原则，计算整个烟道断面的测点数；

④ 计算每个测点距烟道测孔内壁的距离。即 $r_n =$ 直径(m)×系数。

【例 1-2】　有一烟道测孔处的直径为 1m，试问共需几个测点？每个测点距烟道测孔内壁的距离为多少？

解　根据表 1-11，烟道直径为 1m，应分 3 个环，共需 6 个测点。每测点距烟道内壁的距离分别如下：

$r_1 = 1 \times 0.044 = 0.044 (m)$

$r_2 = 1 \times 0.146 = 0.146 (m)$

$r_3 = 1 \times 0.296 = 0.296 (m)$

$r_4 = 1 \times 0.704 = 0.704 (m)$

$r_5 = 1 \times 0.854 = 0.854 (m)$

$r_6 = 1 \times 0.956 = 0.956 (m)$

现场采样时，将各测点的距离计算好以后，将采样管伸进烟道，依次进行采样。靠近测孔处的第一点为 $r_1$，离测孔越远，采样点编号数字越大。如上述的题，有 6 个采样点，$r_6$ 在烟道测孔的最里面。

（2）矩形（或方形）烟道　将烟道断面划分为适当数量的等面积矩形小块，以各个矩形小块的中心为采样点（图 1-5）。划分矩形小块的数量和大小按照表 1-12 确定，原则上测点不超过 20 个。

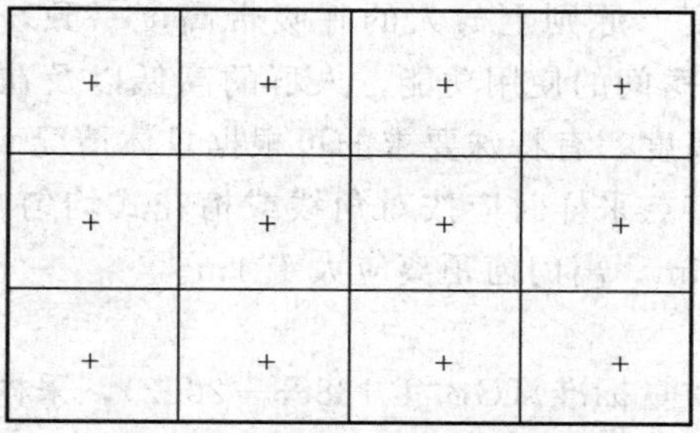

图 1-5　矩形烟道采样点设置

表 1-12　矩形烟道的分块和测点数

| 烟道断面面积/m² | 等面积小块长边长度/m | 测点总数 |
| --- | --- | --- |
| <0.1 | <0.32 | 1 |
| 0.1～0.5 | <0.35 | 1～4 |
| 0.5～1.0 | <0.50 | 4～6 |
| 1.0～4.0 | <0.67 | 6～9 |
| 4.0～9.0 | <0.75 | 9～16 |
| >9.0 | ≤1.0 | 16～20 |

（3）拱形烟道　圆形部分按圆形烟道布点，矩形烟道按方形烟道布点（图 1-6）。

在能满足测压管和采样管达到各采样点位置的情况下，尽可能少开采样孔，一般开两个互成 90° 的孔。采样孔的内径应不小于 80mm，以放入采样管为宜，采样孔管长应不大于 50mm。不使用时应用盖板、管堵或管帽封闭。当采样孔仅用于采集气态污染物时，其内径应不小于 40mm。对正压下输送高温或有毒气体的烟道，应采用带有闸板阀的密封采样孔。

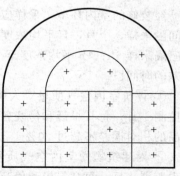

图 1-6　拱形烟道采样点设置

3. 采样时间和频率

对于废气污染源的采样时间和频率的确定应依据监测目的和生产工况来确定。

（三）室内空气质量监测点位的布设

1. 采样点的布设方法

（1）采样点的高度　原则上与人的呼吸带高度一致，一般相对高度 0.5～1.5m 之间。也可根据房间的使用功能，人群的高低以及在房间立、坐或卧时间的长短，来选择采样高度。有特殊要求的可根据具体情况而定。

（2）布点方式　多点采样时应按对角线或梅花式均匀布点，应避开通风口，离墙壁距离应大于 0.5m，离门窗距离应大于 1m。

2. 采样点数量

依据《室内空气质量标准》(GB/T 18883—2002)，采样点位的数量根据室内面积大小和现场情况而确定，要能正确反映室内空气污染物的污染程度。原则上小于 50m² 的房间应设 1～3 个点；50～100m² 设 3～5 个点；100m² 以上至少设 5 个点。

依据《民用建筑工程室内环境污染控制规范》(GB 50325—2010)，民用建筑工程验收时，应抽检有代表性的房间室内环境污染物浓度，检测数量不得少于 5%，并不得少于 3 间，房间总数少于 3 间时，应全数检测；凡进行了样板间室内环境污染物浓度测试结果合格的，抽检数量减半，并不得少于 3 间；室内环境污染物浓度检测点应按房间面积设置：房间面积 ＜50m² 时，设 1 个检测点；当房间面积 50～100m² 时，设 2 个检测点；房间面积 ＞100m² 时，设 3～5 个检测点。

3. 采样时间和频率

经装修的室内环境，采样应在装修完成 7d 以后进行。年平均浓度至少连续或间隔采样 3 个月，日平均浓度至少连续或间隔采样 18h；8h 平均浓度至少连续或间隔采样 6h；1h 平均浓度至少连续或间隔采样 45min。采样时间应涵盖通风最差的时间段。

① 评价室内空气质量对人体健康影响时，在人们正常活动情况下采样，至少监测一日。每日早晨和傍晚各采样一次，早晨不开门窗。每次平行采样，平行样品的相对误差不超过 20%。

② 对建筑物的室内空气质量进行评价时，应选择在无人活动时进行采样，至少监测一日。每日早晨和傍晚各采样一次，都不开门窗。每次平行采样，平行样品的相对偏差不超过 20%。

## （四）大气降水监测点位的布设

大气降水监测的目的是了解在降雨（雪）过程中，从大气中沉降到地球表面的沉降物的主要组成、性质及有关组分的含量，特别是研究酸雨对土壤、森林、河流等生态系统的潜在危害及对建筑物、材料的腐蚀作用，为分析大气污染状况和提出控制污染途径、方法提供基础资料和依据。

1. 采样点的布设方法

采样点的设置位置应考虑区域的气象、地形、地貌、工农业分布等。采样点应位于开阔、平坦的地区，测点周围的下垫面无裸露土壤，以免风沙扬尘的影响；采样点应尽可能避开排放酸碱物质的烟尘、粉尘，生活排放源、废物堆积场、交通干线等局地污染源的影响；采样点四周应无遮挡雨、雪的高大树木或建筑物。

2. 采样点数量

降水采样点的设置数目，根据研究的目的来确定。一般常规监测，人口在50万以上的城市布设三个采样点，人口在50万以下的城市布设两个采样点。一般的县城可只设一个采样点。采样点的布设要兼顾城市、郊区和清洁对照点（远郊）。如果只设两个点，则设置城区和郊区点；宜以省为单位考虑清洁对照点。

3. 采样时间和频率

原则上应逢雨必采，采集每次降水（雨、雪）的全过程样品（自降水开始到结束）。当连续数天降雨，可每隔24h收集一次样品（每天上午9：00至第二天上午9：00）；在使用湿沉降自动采样器而不能每24h收集样品时，推荐7天制采样，可使用防腐剂或用冰箱保存样品。当一天中有几次降雨过程，对使用自动采样器的采样点可合并为一个样品测定。

## 二、采样技术

采集空气的方法可归纳为直接采样法和富集（浓缩）采样法两类。

1. 直接采样法

当空气中的被测组分浓度较高，或者选用的监测方法灵敏度高时，可选用直接采集少量气样的方法。此法测得的结果是瞬时浓度或短时间内的平均浓度，能较快地获得分析结果。常用的采样容器有注射器、塑料袋、采气管、真空瓶（管）等。

（1）注射器采样　常用100mL注射器（见图1-7），注射器要选择气密性好的，同时注射器内应保持干燥，以减少样品贮存过程中的损失。采样时，先用现场气体抽洗3～5次，然后抽取100mL，密封进气口，将注射器进气口朝下，垂直放置，使注射器的内压略大于大气压。注意样品存放时间不宜太长，一般应当天分析完。

（2）塑料袋采样　应选择与气样中污染组分不发生化学反应、不吸附、不渗漏的塑料袋（见图1-8）。常用的有聚四氟乙烯袋、聚乙烯袋及聚氯乙烯袋等。为减小对被测组分的吸附，延长样品的保存时间，可在袋的内壁衬银、铝等金属膜。采样时，袋内应该保持干燥，先用二联球打进现场气体冲洗3～5次，再充满气样，夹封进气口，带回尽快分析。

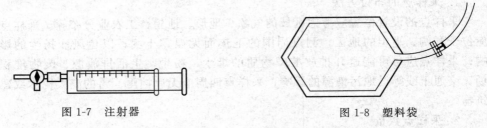

图1-7　注射器　　　　　　　　　　　　图1-8　塑料袋

（3）采气管采样　采气管是两端具有旋塞的管式玻璃容器，其容积为100～500mL。采样时，打开两端旋塞，将二联球或抽气泵接在管的一端，迅速抽进比采气管容积大6～10倍的欲采气体，使采气管中原有气体被完全置换出，关上两端旋塞，采气体积即为采气管的容积。

（4）真空瓶采样　真空瓶是一种用耐压玻璃或不锈钢制成的采气瓶，容积为500～1000mL。采样前，先用抽真空装置将采气瓶内抽至剩余压力1.33kPa左右；如瓶内预先装入吸收液，可抽至溶液冒泡为止，关闭旋塞。采样时，打开旋塞，被采空气即充入瓶内，关闭旋塞，则采样体积为真空采气瓶的容积。如果采气瓶内真空度达不到1.33kPa，实际采样体积应根据剩余压力进行计算。

当用闭口压力计测量剩余压力时，现场状况下的采样体积（$V$）按下式计算：

$$V = V_0 \frac{p - p_B}{p} \qquad\qquad (1\text{-}3)$$

式中　$V_0$——真空采气瓶容积，L；

$\quad\quad\ p$——大气压力，kPa；

$\quad\quad\ p_B$——闭管压力计读数，kPa。

2. 富集（浓缩）采样法

当空气中的污染物质浓度比较低时，直接采样法往往不能满足分析方法检出限的要求，故需要用富集采样法对空气中的污染物进行浓缩。富集采样时间一般比较长，测得结果代表采样时段的平均浓度，更能反映空气污染的真实情况。这类采样方法包括有动力采样法和无动力采样，前者有溶液吸收法、固体阻留法、低温冷凝法等；后者有扩散（或渗透）法、自然沉降法等。

（1）溶液吸收法　该方法是采集空气中气态、蒸气态及某些气溶胶态污染物的常用方法。采样时，用抽气装置将欲测空气以一定流量抽入装有吸收液的吸收管（瓶）。采样结束后，倒出吸收液进行测定，根据测得结果及采样体积，计算空气中污染物的浓度。

溶液吸收法的吸收效率主要决定于吸收速度和样气与吸收液的接触面积。欲提高吸收速度，必须根据被吸收物质的性质选择效能好的吸收液。常用的吸收液有水、水溶液和有机溶剂等。按照它们的吸收原理可分为两种类型：一种是气体分子溶解于溶液中的物理作用，如用水吸收空气中的氯化氢、甲醛，用 5％的甲醇吸收有机农药，用 10％乙醇吸收硝基苯等；另一种吸收原理是基于发生化学反应，如用氢氧化钠溶液吸收空气中的硫化氢基于中和反应，用四氯汞钾溶液吸收 $SO_2$ 基于络合反应等。

伴有化学反应的吸收溶液的吸收速度比单靠溶解作用的吸收液吸收速度快得多。因此，除采集溶解度非常大的气态物质外，一般都选用伴有化学反应的吸收液。吸收液的选择原则是：与被采集的污染物发生化学反应快或对其溶解度大；污染物被吸收液吸收后，要有足够的稳定时间；污染物质被吸收后，应有利于下一步分析测定，最好能直接用于测定；吸收液毒性小、价格低、易于购买，且尽可能回收利用。

增大被采气体与吸收液接触面积的有效措施是选用结构适宜的吸收管（瓶）。下面介绍几种常用吸收管（瓶），见图 1-9。

① 气泡吸收管　可装 5～10mL 吸收液，采样流量为 0.5～2.0L/min，适用于采集气态和蒸气态物质。对于气溶胶态物质，因不能像气态分子那样快速扩散到气液界面上，故吸收效率差。采样时，吸收管要垂直放置，不能有泡沫溢出。

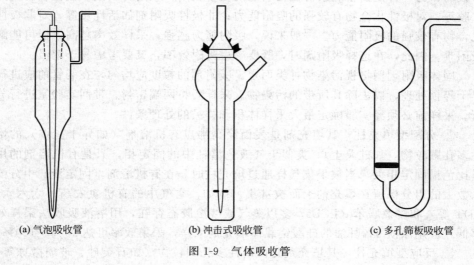

(a) 气泡吸收管　　　　(b) 冲击式吸收管　　　　(c) 多孔筛板吸收管

图 1-9　气体吸收管

使用前应检查吸收管玻璃磨口的气密性，保证严密不漏气。

② 冲击式吸收管　有小型（装 5～10mL 吸收液，采样流量为 3.0L/min）和大型（装 50～100mL 吸收液，采样流量为 30L/min）两种，适宜采集气溶胶态物质。因为该吸收管的进气管喷嘴孔径小，距瓶底又很近，当被采气样快速从喷嘴喷出冲向管底时，则气溶胶颗粒因惯性作用冲击到管底被分散，从而易被吸收液吸收。冲击式吸收管不适合采集气态和蒸气态物质，因为气体分子的惯性小，在快速抽气的情况下，容易随空气一起跑掉。

③ 多孔筛板吸收管（瓶）　可装 5～10mL 吸收液，采样流量为 0.1～1.0L/min。吸收瓶有小型（装 10～30mL 吸收液，采样流量为 0.5～2.0L/min）和大型（装 50～100mL 吸收液，采样流量 30L/min）两种。气样通过吸收管（瓶）的筛板后，被分散成很小的气泡，且阻留时间长，大大增加了气液接触面积，从而提高了吸收效果。适合采集气态和蒸气态物质，也能采集气溶胶态物质。

（2）填充柱阻留法　填充柱是用一根长 6～10cm、内径 3～5mm 的玻璃管或不锈钢管，内装颗粒状或纤维状填充剂制成。采样时，让气样以一定流速（0.1～0.5L/min）通过填充柱，则欲测组分因吸附、溶解或化学反应等作用被阻留在填充剂上，达到浓缩采样的目的。采样后，通过加热吹气解吸或溶剂洗脱，使被测组分从填充剂上释放出来进行测定。根据填充剂阻留作用的原理，可分为吸附型、分配型和反应型三种类型。

① 吸附型填充柱　其填充剂是颗粒状固体吸附剂，如活性炭、硅胶、分子筛、高分子多孔微球等。这些多孔性物质，比表面积大，对气体和蒸气有较强的吸附能力。有两种表面吸附作用，一种是由于分子间引力引起的物理吸附，吸附力较弱；另一种是由于剩余价键力引起的化学吸附，吸附力较强。极性吸附剂如硅胶等，对极性化合物有较强的吸附能力；非极性吸附剂如活性炭等，对非极性化合物有较强的吸附能力。一般来说，吸附能力越强，采样效率越高，但可能解吸困难。因此，在选择吸附剂时，既要考虑吸附效率，又要考虑易于解吸。

固体吸附剂用量视污染物种类而定。吸附剂的粒度应均匀，在装管前应进行烘干等预处理，以去除其所带的污染物。采样后将两端密封，带回实验室进行分析。采样前必须经实验确定最大采样体积和样品的处理条件。

② 分配型填充柱　其填充剂是表面涂高沸点有机溶剂（如异十三烷）的惰性多孔颗粒物（如硅藻土），类似于气液色谱柱中的固定相，只是有机溶剂的用量比色谱固定相大。当被采集气样通过填充柱时，在有机溶剂（固定液）中分配系数大的组分保留在填充剂上而被富集。例如，空气中的有机氯农药（六六六、DDT 等）和多氯联苯（PCBs）多以蒸气或气溶胶态存在，用溶液吸收法采样效率低，但用涂渍 5% 甘油的硅酸铝载体填充剂采样，采集效率可达 90%～100%。

③ 反应型填充柱　其填充剂是由惰性多孔颗粒物（如石英砂、玻璃微球等）

或纤维状物（如滤纸、玻璃棉等）表面涂渍能与被测组分发生化学反应的试剂制成。也可以用能和被测组分发生化学反应的纯金属（如 Au、Ag、Cu 等）丝毛或细粒作填充剂。气样通过填充柱时，被测组分在填充剂表面因发生化学反应而被阻留。例如，空气中的微量氨可用装有涂渍硫酸的石英砂填充柱富集。反应型填充柱采样量和采样速度都比较大，富集物稳定，对气态、蒸气态和气溶胶态物质都有较高的富集效率。

填充柱采样的特点：可长时间采样，测定结果代表采样时段的平均浓度，而溶液吸收法因吸收液在采气过程中有液体蒸发损失，不适宜长时间的采样；合适的固体填充剂对气态、蒸气态和气溶胶物质都有较好的采样效率，而溶液吸收法对气溶胶的采样效率往往不高；污染物浓缩在填充剂上的稳定性，一般都比吸收在溶液中长得多，可放几天甚至几周不变；现场采样，填充柱采样比溶液吸收方便得多，样品发生再污染，洒漏的机会少；填充柱的吸附效率受温度、湿度等因素的影响较大，必要时，可在采样管前接一个干燥管。综合所述，填充柱采样有很好的发展前途。

（3）滤料阻留法　将过滤材料（滤纸、滤膜等）放在采样夹上，用抽气装置抽气，则空气中的颗粒物被阻留在过滤材料上，称量过滤材料上富集的颗粒物质量，根据采样体积，即可计算出空气中颗粒物的浓度。

滤料采集空气中气溶胶颗粒物基于直接阻截、惯性碰撞、扩散沉降、静电引力和重力沉降等作用。滤料的采集效率除与自身性质有关外，还与采样速度、颗粒物的大小等因素有关。低速采样以扩散沉降为主，对细小颗粒物的采集效率高；高速采样以惯性碰撞作用为主，对较大颗粒物的采集效率高。空气中的大小颗粒物是同时并存的，当采样速度一定时，就可能使一部分粒径小的颗粒物采集效率偏低。此外，在采样过程中，还可能发生颗粒物从滤料上弹回或吹走现象，特别是采样速度大的情况下，颗粒大、质量重粒子易发生弹回现象；颗粒小的粒子易穿过滤料被吹走，这些情况都是造成采集效率偏低的原因。

常用的滤料有纤维状滤料（滤纸、玻璃纤维滤膜、过氯乙烯滤膜等）、筛孔状滤料（微孔滤膜、核孔滤膜、银薄膜等）。滤纸的孔隙不规则且较少，适用于金属尘粒的采集。因其吸水性较强，不宜用于重量法测定颗粒物浓度。玻璃纤维滤膜吸湿性小，耐高温，耐腐蚀，通气阻力小，采集效率高，常用于采集可吸入颗粒物，但其机械强度差，某些元素含量较高。聚氯乙烯或聚苯乙烯等合成纤维膜通气阻力小，并可用有机溶剂溶解成透明溶液，便于进行颗粒物分散度及颗粒物中化学组分的分析。微孔滤膜是由硝酸（或醋酸）纤维素制成的多孔性有机薄膜，孔径细小、均匀，重量轻，金属杂质含量极微，溶于丙酮等有机溶剂，尤其适用于采集分析金属的气溶胶，不适于做重量法分析。核孔滤膜是将聚碳酸酯薄膜覆盖在铀箔上，用中子流轰击，使铀核分裂产生的碎片穿过薄膜形成微孔，再经化学腐蚀处理制成。这种膜薄而光滑，机械强度好，孔径均匀，不亲水，适用于精密的重量分析，但因微孔呈圆柱状，采样效率较微孔滤膜低。银薄膜由微细的银粒烧结制成，具有与微孔滤膜相似的结构，它能耐400℃高温，抗化学腐蚀性强，适用于采集酸、碱气溶胶及含煤焦油、沥青等挥发性有机物的气样。

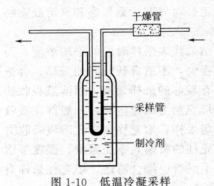

图1-10　低温冷凝采样

（4）低温冷凝法　空气中某些沸点比较低的气态污染物质，如烯烃类、醛类等，在常温下用固体填充剂等方法富集效果不好，而低温冷凝法可提高采集效率。低温冷凝采样法是将U形或蛇形采样管插入冷阱中，当空气流经采样管时，被测组分因冷凝而凝结在采样管底部（见图1-10）。如用气相色谱法测定，可将采样管仪器进气口连接，移去冷阱，在常温或加热情况下汽化，进入仪器测定。

制冷的方法有半导体制冷器法和制冷剂法。常用制冷剂有冰（0℃）、冰-盐水（－10℃）、干冰-乙醇（－72℃）、干冰（－78.5℃）、液氧（－183℃）、液氮（－196℃）等。

该法具有效果好、采样量大、利于组分稳定等优点，但空气中的水蒸气、二氧化碳，甚至氧也会同时冷凝下来，在汽化时，这些组分也会汽化，增大了气体总体积，从而降低浓缩效果，甚至干扰测定。为此，应在采样管的进气端装置选择性过滤器（内装过氯酸镁、碱石棉、氯化钙等），但所用干燥剂和净化剂不能与被测组分发生作用，以免引起被测组分损失。

（5）静电沉降法　空气样品通过12000～20000V电场时，气体分子电离，所产生的离子附着在气溶胶颗粒上，使颗粒带电，并在电场作用下沉降到收集极上，然后将收集极表面的沉降物洗下，供分析用。该法收集效率高，无阻力，适合气溶胶采样，不能用于易燃、易爆的场合。

（6）无动力采样法　该法利用物质的自然重力、空气动力和浓差扩散作用采集空气中的被测物质，如自然降尘量、硫酸盐化速率、氟化物等空气样品的采集，以及被动采样等。采样不需动力设备，简单易行，且采样时间长，测定结果能较好地反映空气污染情况。

① 降尘试样采集　自然降尘简称降尘，指在空气环境条件下，靠重力自然沉降在地面上的颗粒物量。采集方法分为湿法和干法两种，其中，湿法应用更为普遍。湿法采样是在一定大小的圆筒形玻璃（或塑料、瓷、不锈钢）缸（集尘缸）中加入一定量的水，放置在距地面5～12m高，附近无高大建筑物及局部污染源的地方（如空旷的屋顶上），采样口距基础面1～1.5m，以避免扬尘的影

响。我国集尘缸的尺寸为内径 15cm、高 30cm，一般加水 100～300mL（视蒸发量和降雨量而定）。为防止冰冻和抑制微生物及藻类的生长，保持缸底湿润，需加入适量乙二醇。采样时间为（30±2）天，多雨季节注意及时更换集尘缸，防止水满溢出。各集尘缸采集的样品合并后测定。干法采样一般使用标准集尘器（见图 1-11）。夏季也需加除藻剂。我国干法采样用的集尘缸示于图 1-12，在缸底放入塑料圆环，圆环上再放置塑料筛板。

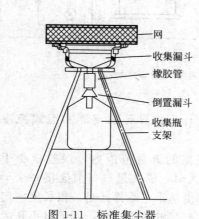

图 1-11　标准集尘器

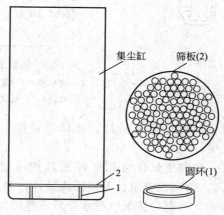

图 1-12　干法采样集尘缸

②　硫酸盐化速率试样的采集　硫酸盐化速率是指大气中 $SO_2$、$H_2S$、$H_2SO_4$ 蒸气等含硫污染物演变为危害更大的硫酸雾和硫酸盐雾的速度。常用的采样方法为碱片法，即将用碳酸钾溶液浸渍过的玻璃纤维滤膜置于采样点上，则空气中的二氧化硫、硫酸雾等与碳酸反应生成硫酸盐而被采集。

③　被动式采样法　该法用于在个体采样器中，采集气态和蒸气态物质。采样时不需要抽气动力，而是利用被测物质分子自身扩散或渗透到达吸收层（吸收剂、吸附剂或反应性材料）被吸附或吸收。这种采样器体积小、轻便，可佩戴在人身上，跟踪人的活动，用作人体接触有害物质量的监测；也可以放在欲测场所，连续采样，用于室内空气污染的监测。

3. 采样仪器

（1）组成部分　空气污染物监测多采用动力采样法，其采样器主要由收集器、流量计和采样动力三部分组成（图 1-13）。

①　收集器　捕集空气中欲测物质的装置。前面介绍的气体吸收管（瓶）、填充柱、滤料、冷凝采样管等都是收集器，需根据被捕集物质的存在状态、理化性质等选用。

②　流量计　测量气体流量的仪器，而流量是计算采气体积的参数。常用的

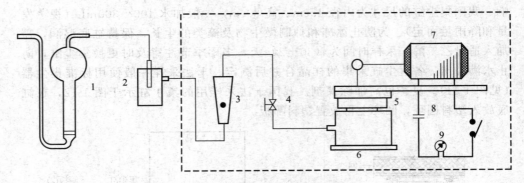

图 1-13 间断采样系统装置示意图

1—吸收瓶；2—滤水井；3—流量计；4—流量调节阀；5—抽气泵；
6—稳流器；7—电动机；8—电源；9—定时器

流量计有皂膜流量计、孔口流量计、转子流量计、临界孔稳流器和湿式流量计等。

皂膜流量计常用于校正其他流量计，在很宽的流量范围内，误差皆小于1%。常用的流量计为转子流量计，当空气湿度大时，需在进气口前连接一个干燥管，否则，转子吸附水分后重量增加，影响测量结果。临界孔是一根长度一定的毛细管，当空气流通过毛细孔时，如果两端维持足够的压力差，则通过小孔的气流就能保持恒定，此时为临界状态流量，其大小取决于毛细管孔径大小。这种流量计使用方便，广泛用于空气采样器和自动监测仪器上控制流量。

③ 采样动力　抽气装置，要根据所需采样流量、收集器类型及采样点的条件进行选择，并要求其抽气流量稳定、连续运行能力强、噪声小和能满足抽气速度要求。注射器、连续抽气筒、双连球等手动采样动力适用于采气量小、无市电供给的情况。对于采样时间较长和采样速度要求较大的场合，需要使用电动抽气泵，如薄膜泵、电磁泵、刮板泵及真空泵等。

(2) 空气采样器　用于采集空气中气态和蒸气态物质，采样流量为 $0.5\sim2.0$ L/min，分为便携式和固定式（恒温恒流）两种。此外，还有气态污染物和 TSP(PM$_{10}$) 综合采样器。

(3) 颗粒物采样器　颗粒物采样器有总悬浮颗粒物（TSP）采样器和可吸入颗粒物（PM$_{10}$）采样器。

① TSP 采样器　按采气流量大小分为大流量（$1.1\sim1.7$ m³/min）、中流量（$50\sim150$ L/min）和小流量（$10\sim15$ L/min）三种类型。

大流量采样器由滤料采样夹、抽气风机、流量记录仪、计时器及控制系统、壳体等组成。滤料夹可安装 $20$ cm×$25$ cm 的玻璃纤维滤膜，采样 $8\sim24$ h。当采气量达 $1500\sim2000$ m³ 时，样品滤膜可用于测定颗粒物中的金属、无机盐及有机污染物等组分。

中流量采样器的工作原理与大流量采样器相似，只是采样夹面积和采样流量比大流量采样器小。采样夹有效直径为 80mm 或 100mm。当用有效直径 80mm 滤膜采样时，采气流量控制在 $7.2 \sim 9.6 m^3/h$；用 100mm 滤膜采样时，流量控制在 $11.3 \sim 15 m^3/h$。

② $PM_{10}$ 采样器　广泛使用大流量采样器。采样器装有分离粒径大于 $10 \mu m$ 颗粒物的装置（称为分尘器或切割器）。根据工作原理可分为旋风式、向心式、撞击式等。它们又分为二级式和多级式。前者用于采集粒径 $10 \mu m$ 以下的颗粒物，后者可分级采集不同粒径的颗粒物，用于测定颗粒物的粒度分布。

a. 二级旋风分尘器　其工作原理如图 1-14 所示。空气以高速度沿 180°渐开线进入分尘器的圆筒内，形成旋转气流，在离心力的作用下，大于 $10 \mu m$ 颗粒物被甩到筒壁上并继续向下运动，粗颗粒在不断与筒壁撞击中失去前进的能量而落入大颗粒物收集器内，细颗粒随气流沿气体排出管上升，被过滤器的滤膜捕集，从而将粗、细颗粒物分开。

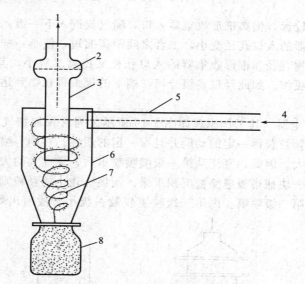

图 1-14　旋风分尘器原理示意图

1—空气出口；2—滤膜；3—气体排出管；4—空气入口；5—气体导管；
6—圆筒体；7—旋转气流轨线；8—大颗粒收集器

b. 向心式分尘器　其工作原理如图 1-15 所示。当气流从小孔高速喷出时，因所携带的颗粒物大小不同，惯性也不同。颗粒物质量越大，惯性越大，其运动轨线越接近中心轴线，最后进入锥形收集器被底部的滤膜收集；小颗粒物惯性

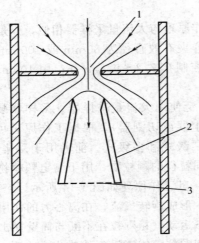

图 1-15　向心式分尘器原理示意图
1—空气喷孔；2—收集器；3—滤膜

小，离中心轴线较远，偏离锥形收集器入口，随气流进入下一级。第二级的喷嘴直径和锥形收集器的入口孔径变小，二者之间距离缩短，使小一些的颗粒物被收集。第三级的喷嘴直径和锥形收集器的入口孔径又比第二级小，其间距离更短，所收集的颗粒物更细。如此经过多级分离，剩下的极细颗粒物到达最底部，被夹持的滤膜收集。

c. 撞击式分尘器　其工作原理如图 1-16 所示。当含颗粒物气体以一定速度由喷嘴喷出后，颗粒获得一定的动能并且有一定的惯性。在同一喷射速度下，粒径越大，惯性越大。因此，气流从第一级喷嘴喷出后，惯性大的大颗粒难于改变运动方向，与第一块捕集板碰撞被沉积下来，而惯性较小的颗粒则随气流绕过第一块捕集板进入第二级喷嘴。因第二级喷嘴较第一级小，故喷出颗粒动能增加，

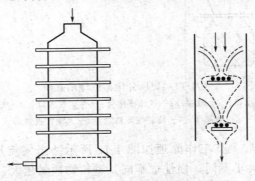

图 1-16　多段撞击式采样器原理示意图

速度增大，其中惯性较大的颗粒与第二块捕集板碰撞而被沉积，而惯性较小的颗粒继续向下级运动。如此逐级进行下去，则气流中的颗粒由大到小地被分开，沉积在不同的捕集板上，最末级捕集板用玻璃纤维滤膜代替，捕集更小的颗粒。这种采样器可以设计为 3～6 级或 8 级，称为多级撞击式采样器。如安德森采样器由 8 级组成，每级 200～400 个喷嘴，捕集面积大，捕集颗粒物粒径范围为 0.34～11$\mu m$。

可吸入颗粒物采样器必须用标准粒子发生器制备的标准粒子进行校准，要求在一定采样流量时，采样器的捕集效率 50％以上，截留点的粒径（$D_{50}$）为（10±1）$\mu m$。

## 三、监测方案的制订

监测方案是一项监测任务的总体构思和设计，制订环境监测方案的指导方针是环境监测的技术路线。制订环境监测方案时必须首先明确监测目的，然后在调查研究的基础上确定监测对象、设计监测网点，合理安排采样时间和采样频率，选定采样方法和分析测定技术，提出监测报告要求，制订质量保证程序、措施和方案的实施计划。

1. 环境空气监测方案的制订

（1）监测目的　通过对环境空气中主要污染物质进行定期或连续地监测，判断空气质量是否符合《环境空气质量标准》(GB 3095—2012) 或环境规划目标的要求，为空气质量状况评价提供依据。

为研究空气质量的变化规律和发展趋势，开展空气污染的预测预报，以及研究污染物迁移转化情况提供基础资料。

为政府环保部门执行环境保护法规，开展空气质量管理及修订空气质量标准提供依据和基础资料。

（2）基础资料收集和现场调查

① 污染源分布及排放情况　弄清污染源类型、数量、位置、排放的主要污染物及排放量、所用原料、燃料及消耗量等。

② 气象资料　要收集监测区域的风速、风向、气温、气压、降水量、日照时间、相对湿度、温度的垂直梯度和逆温层底部高度等资料，以了解其对污染物在大气中的扩散、输送及变化情况的影响。

③ 地形资料　地形对当地的风向、风速和大气稳定情况等有影响，在设置监测网点时，地形是应考虑的重要因素，地形越复杂，监测点布设越多。

④ 土地利用和功能分区情况　不同功能区的污染状况是不同的，如工业区、商业区、居民区、混合区等污染状况各不相同。这也是设置监测网点时应考虑的重要因素。

⑤ 人口分布及人群健康情况 掌握监测区域的人口分布、居民和动植物受大气污染危害情况及流行性疾病等资料，对制订监测方案、分析判断监测结果是有益的。

此外，对于监测区域以往的空气监测资料等也应尽量收集，供制订监测方案参考。

在资料收集的基础上，进行现场的实地踏勘，充分了解监测范围内道路、交通、电源等实际情况，为空气监测提供科学、实用的依据。

（3）监测项目 空气中的污染物质多种多样，应根据监测空间范围内实际情况和优先监测原则确定监测项目，并同步观测有关气象参数。根据我国《环境空气质量标准》（GB 3095—2012）和《环境空气质量监测点位布设技术规范（试行）》（HJ 664—2013）中要求，环境空气质量评价城市点监测项目见表 1-13。

表 1-13 环境空气质量评价城市点监测项目

| 监测类型 | 监测项目 |
| --- | --- |
| 基本项目 | 二氧化硫（$SO_2$）、二氧化氮（$NO_2$）、一氧化碳（CO）、臭氧（$O_3$）、颗粒物（粒径小于等于 $10\mu m$）、颗粒物（粒径小于等于 $2.5\mu m$） |
| 其他项目 | 总悬浮颗粒物（TSP）、氮氧化物（$NO_x$）、苯并[a]芘（B[a]P）、铅（Pb） |

（4）监测布点 在对调查研究结果和有关资料进行综合分析的基础上，根据监测目的和监测项目，充分考虑环境监测站的人力、物力等条件，最终确定环境监测的采样点位。

环境监测采样点位的布设需编制监测布点方案。在编制监测布点方案时，需要充分考虑以下几点：

① 监测区域污染源分布情况，各污染源排放污染物种类及排放强度；

② 监测区域环境功能区划分情况，人口分布情况；

③ 监测区域水文、地质、地貌、气象等因素的影响；

④ 根据经济性原则和代表性原则，对监测点位进行优化，即以较少的采样点位，取得最佳代表性。

监测方案一经确认则不准任意变动，以使监测数据具有可比性。如确需变动时，需要对监测采样点位重做优化处理并予以审查确认。

（5）采样频率和采样时间 确定样品采集时间与频率是为了使采集的样品具有代表性，采样时间、频次和方法应根据监测对象和分析方法的要求，按照国家环境保护部颁布的有关技术规范、规定执行。

（6）样品采集、运送和保存 在充分了解该项监测任务的目的和要求之后制订好采样计划。选择合适的采样方法、合适材质的采样容器，确定样品数量和样品的保存技术。根据监测目的和监测项目确定采样时间和路线，准备好交通工具、空气采样器、采样记录表、资料夹等。

根据采样规范要求，设计好妥善保存和安全运输样品的方法；根据样品特征和监测项目特征选择保存方式，需要低温或避光保存的，可进行低温或避光保存；防止运输过程中的沾污、变质和损坏。

(7) 分析测试 样品前处理是分析检测过程的关键环节。将采集的样品进行制备，采用合适的方法进行分解、溶解，对待测组分进行提取、净化、浓缩的过程。只要检测仪器稳定可靠，检测结果的重复性和准确性主要取决于样品前处理。

分析测试时应优先选用国家标准方法和最新版本的大气环境监测分析方法，采用其他方法时，必须进行等效性检验，并报省级以上监测站（包括省级）批准备案。分析人员在开展新项目（包括本人未做过的项目）监测之前，要向质控人员提交基础实验报告。进行空气样品分析时，要严格按照方法的操作和要求来实施，同时注意质量控制。

(8) 数据处理 监测结果的原始数据要根据有效数字的保留规则正确书写，监测数据的运算要遵循运算规则。对出现的可疑数据，首先从技术上查明原因，然后再用统计检验处理，经检验属于离群数据的，应予以剔除，以使得测定结果更符合实际。

(9) 综合评价 根据监测结果，对照相应《环境空气质量标准》(GB 3095—2012)，判断空气质量现状，分析原因，并预测未来空气质量状况，提出改善空气质量的建议及措施。

2. 室内空气监测方案的制订

(1) 监测目的 通过对室内空气中主要污染物质进行定期或连续地监测，判断室内空气质量是否符合《室内空气质量标准》(GB/T 18883—2002) 或《民用建筑工程室内环境污染控制规范》(GB 50325—2010) 的要求，为空气质量状况评价提供依据；为研究室内空气质量的变化规律和发展趋势，开展室内空气污染的预测预报，以及研究室内污染物迁移转化情况提供基础资料；为政府环保部门执行环境保护法规，开展室内空气质量管理及修订室内空气质量标准提供依据和基础资料。

(2) 监测原则 优先选择《室内空气质量标准》(GB/T 18883—2002) 和室内装饰装修材料有害物质限量标准中要求控制的监测项目，所选监测项目应有国家标准分析方法，或行业推荐的分析方法。

(3) 资料收集和现场调查 弄清室内装修装饰情况以及室外周围环境状况，并通过进行现场的实地踏勘，确定室内主要污染源。

(4) 监测项目 新装饰或装修过的室内环境应测定甲醛、苯、甲苯、二甲苯和总挥发性有机物。人群比较密集的室内环境，如大型商场、超市应测菌落总数、新风量及二氧化碳。使用臭氧消毒、净化设备及复印机等可能产生臭氧的室内环境应测臭氧。住宅一层、地下室、其他地下设施以及采用花岗岩、彩釉地砖等天然放射性含量较高材料装修的室内环境都应监测氡气。

（5）样品采集、运送和保存　按照《室内空气质量标准》（GB/T 18883—2002）、《室内环境空气质量监测技术规范》（HJ/T 167—2004）和《民用建筑工程室内环境污染控制规范》（GB 50325—2010）中规定的标准方法进行布点，确定采样时间和频率，采样后，样品要根据不同项目要求，进行有效的处理和防护，运输过程中要避开高温、强光以及剧烈振动，样品运抵后要与接收人员进行交接登记。

（6）分析测试　严格按照《室内空气质量标准》（GB/T 18883—2002）、《室内环境空气质量监测技术规范》（HJ/T 167—2004）和《民用建筑工程室内环境污染控制规范》（GB 50325—2010）中规定的标准方法进行样品分析。

（7）数据处理　根据有效数字的保留规则以及运算规则，正确书写监测结果的原始数据。对出现的可疑数据，首先从技术上查明原因，然后再用统计检验处理，经检验属于离群数据的，应予以剔除，以使得测定结果更符合实际。

（8）综合评价　根据监测结果，依据监测目的，对照相应《室内空气质量标准》（GB/T 18883—2002）或《民用建筑工程室内环境污染控制规范》（GB 50325—2010），判断室内空气质量现状，分析原因，并预测未来室内空气质量状况，提出改善室内空气质量的建议及措施。

有关污染源废气监测方案的制订在本部分不进行详细阐述，具体内容可参考本书模块三中的具体案例。

## 项目三　分析测试中误差及数据处理

### 一、误差的分类和来源

1. 真值

在某一时刻和某一位置或状态下，某量的效应体现出客观值或实际值称为真值。真值包括理论真值、约定真值和标准器的相对真值。

（1）理论真值　例如三角形内角之和等于180°。

（2）约定真值　由国际计量大会定义的国际单位制，包括基本单位、辅助单位和导出单位。由国际单位制所定义的真值叫约定真值。

（3）标准器（包括标准物质）的相对真值　高一级标准器的误差为低一级标准器或普通仪器误差的1/5（或 1/3～1/20）时，则可认为前者是后者的相对真值。

2. 误差及其分类

由于被测量的数据形式通常不能以有限位数表示，同时由于认识能力不足和科学技术水平的限制，使测量值与真值不一致，这种矛盾在数值上表现即为误差。任何测量结果都有误差，并存在于一切测量全过程之中。

误差按其性质和产生原因，可分为系统误差、随机误差和过失误差。

（1）系统误差　又称可测误差、恒定误差或偏倚。指测量值的总体均值与真值之间的差别，是由测量过程中某些恒定因素造成的，在一定条件下具有重现性，并不因增加测量次数而减少系统误差，它的产生可以是方法、仪器、试剂、恒定的操作人员和恒定的环境所造成。

（2）随机误差　又称偶然误差或不可测误差。是由测定过程中各种随机因素的共同作用所造成，随机误差遵从正态分布规律。

（3）过失误差　又称粗差。是由测量过程中犯了不应有的错误所造成，它明显地歪曲测量结果，因而一经发现必须及时改正。

## 二、误差的表示方法

1. 绝对误差和相对误差

误差分为绝对误差和相对误差。

绝对误差是测量值（$X$，单一测量值或多次测量的均值）与真值（$X_t$）之差，绝对值有正负之分。

$$绝对误差 = X_i - X_t \tag{1-4}$$

相对误差指绝对误差与真值之比（常以百分数表示）。

$$相对误差 = \frac{X_i - X_t}{X_t} \times 100\% \tag{1-5}$$

2. 偏差

偏差分相对偏差、平均偏差、相对平均偏差和标准偏差等。

（1）绝对偏差（$d$）　是测定值与均值之差，即

$$d_i = x_i - \overline{x} \tag{1-6}$$

（2）相对偏差　是绝对偏差与均值之比（常以百分数表示）：

$$相对偏差 = \frac{x_i - \overline{x}}{\overline{x}} \times 100\% \tag{1-7}$$

（3）平均偏差（$\overline{d}$）　是绝对偏差绝对值之和的平均值：

$$\overline{d} = \frac{1}{n}(|d_1| + |d_2| + \cdots + |d_n|) \tag{1-8}$$

（4）相对平均偏差　是平均偏差与均值之比（常以百分数表示）：

$$相对平均偏差 = \frac{\overline{d}}{\overline{x}} \times 100\% \tag{1-9}$$

（5）标准偏差和相对标准偏差

① 差方和　亦称离差平方或平方和。是指绝对偏差的平方之和，以 $S$ 表示

$$S = \sum_{i=1}^{n} (x_i - \overline{x})^2 \tag{1-10}$$

② 样本方差用 $s^2$ 或 $V$ 表示。

$$s^2 = \frac{1}{n-1} \sum_{i=1}^{n} (x_i - \overline{x})^2$$

$$= \frac{1}{n-1} S \tag{1-11}$$

③ 样本标准偏差用 $s$ 表示。

$$s = \sqrt{\frac{1}{n-1} \sum_{i=1}^{n} (x_i - \overline{x})^2}$$

$$= \sqrt{\frac{1}{n-1} S}$$

$$= \sqrt{\frac{\sum x_i^2 - \dfrac{(\sum x_i)^2}{n}}{n-1}} \tag{1-12}$$

④ 样本相对标准偏差　又称变异系数，是样本标准偏差在样本均值中所占的百分数，记为 $C_v$。

$$C_v = \frac{s}{\overline{x}} \times 100\% \tag{1-13}$$

⑤ 总体方差和总体标准偏差分别以 $\sigma^2$ 和 $\sigma$ 表示：

$$\sigma^2 = \frac{1}{N} \sum_{i=1}^{n} (x_i - \mu)^2$$

$$\sigma = \sqrt{\sigma^2}$$

$$= \sqrt{\frac{1}{N} \sum_{i=1}^{n} (x_i - \mu)^2}$$

$$= \sqrt{\frac{\sum x_i^2 - \dfrac{(\sum x_i)^2}{N}}{N}} \tag{1-14}$$

式中　$N$——总体容量；

$\mu$——总体均值。

（6）极差 一组测量值中最大值（$X_{max}$）与最小值（$X_{min}$）之差，表示误差的范围，以 $R$ 表示。

$$R = X_{max} - X_{min} \tag{1-15}$$

3. 平均数

（1）总体和个体 研究对象的全体称为总体，其中一个单位叫个体。

（2）样本和样本容量 总体中的一部分叫样本，样本中含有个体的数目叫此样本的容量，记作 $n$。

（3）平均数 平均数代表一组变量的平均水平或集中趋势，样本观测中大多数测量值靠近。

① 算术均数 简称均数，最常用的平均数，其定义为：

$$样本均数 \bar{x} = \frac{\sum x_i}{n} \tag{1-16}$$

$$总体均数 \mu = \frac{\sum x_i}{n} \qquad n \to \infty \tag{1-17}$$

② 几何均数 当变量呈等比关系，常需用几何均数，其定义为：

$$\begin{aligned}\overline{x_g} &= (x_1 x_2 \cdots x_n)^{\frac{1}{n}} \\ &= \lg^{-1}\left(\frac{\sum \lg x_i}{n}\right)\end{aligned} \tag{1-18}$$

计算酸雨 pH 值的均数，都是计算雨水中氢离子活度的几何均数。

③ 中位数 将各数据按大小顺序排列，位于中间的数据即为中位数，若为偶数取中间两数的平均值，适用于一组数据的少数呈"偏态"分散在某一侧，使均数受个别极数的影响较大。

④ 众数 一组数据中出现次数最多的一个数据。

平均数表示集中趋势，当监测数据是正态分布时，其算术均数、中位数和众数三者重合。

【例 1-3】有一氯化物的标准水样，浓度为 110mg/L，以银量法测定 5 次，其值为 112mg/L、115mg/L、114mg/L、113mg/L、115mg/L，求：算术均数、几何均数、中位数、绝对误差、相对误差、绝对偏差、平均偏差、极差、样本的差方和、方差、标准偏差和相对标准偏差。

**解** 算数均数 $\bar{x} = \frac{1}{5}(112+115+114+113+115) = 113.8(mg/L)$

几何均数 $\overline{x_g} = (112 \times 115 \times 114 \times 113 \times 115)^{\frac{1}{5}} = 113.8(mg/L)$

中位数 114（mg/L）

绝对误差 $x_i - x_t = 112 - 110 = 2$（mg/L）

相对误差 $= \dfrac{112 - 110}{110} \times 100\% = 1.8\%$

（以 $x_i$ 为 112mg/L，$x_t$ 为 110mg/L 为例）

平均偏差 $= \dfrac{1}{5}$（|112−113.8|＋|115−113.8|＋|114−113.8|＋

$\qquad$ |113−113.8|＋|115−113.8|）

$\qquad = 1.04$（mg/L）

极差 $R = 115 - 112 = 3$（mg/L）

样本差方和 $S = (-0.8)^2 + (1.2)^2 + (0.2)^2 + (-0.8)^2 + (1.2)^2$

$\qquad = 6.80$（mg/L）

样本方差 $s^2 = \dfrac{1}{n-1}S = \dfrac{1}{4} \times 6.80 = 1.70$（mg/L）

样本标准偏差 $s = \sqrt{s^2} = 1.3$（mg/L）

样本相对标准偏差 $C_v = \dfrac{s}{x} \times 100\% = \dfrac{1.3}{113.8} \times 100\% = 1.1\%$

### 4. 正态分布

相同条件下对同一样品测定中的随机误差，均遵从正态分布，见图 1-17。正态概率密度函数为：

$$\varphi(x) = \frac{1}{\sigma\sqrt{2\pi} \, \mathrm{e}^{\frac{(x-\mu)^2}{2\sigma^2}}} \tag{1-19}$$

式中　$x$——由此分布中抽出的随机样本值；

$\qquad \mu$——总体均值，是曲线最高点的横坐标，曲线对 $\mu$ 对称；

$\qquad \sigma$——总体标准偏差，反映了数据的离散程度。

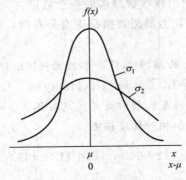

图 1-17　正态分布曲线

从统计学知道，样本落在下列区间内的概率如表 1-14 所示。

表 1-14 正态分布总体的样本落在下列区间内的概率

| 区　间 | 落在区间内的概率/% | 区　间 | 落在区间内的概率/% |
|---|---|---|---|
| $\mu\pm1.000\sigma$ | 68.26 | $\mu\pm2.000\sigma$ | 95.44 |
| $\mu\pm1.645\sigma$ | 90.00 | $\mu\pm2.576\sigma$ | 99.00 |
| $\mu\pm1.960\sigma$ | 95.00 | $\mu\pm3.000\sigma$ | 99.73297 |

正态分布曲线说明：

① 小误差出现的概率大于大误差，即误差的概率与误差的大小有关；

② 大小相等，符号相反的正负误差数目近于相等，故曲线对称；

③ 出现大误差的概率很小；

④ 算术均值是可靠的数值。

实际工作中，有些数据本身不呈正态分布，但将数据通过数学转换后可显示正态分布，最常用的转换方式是将数据取对数。若监测数据的对数呈正态分布，称为对数正态分布。例如，大气监测当 $SO_2$ 成颗粒物浓度较低时，数据经实验证明一般呈对数的正态分布，有些工厂排放废水的浓度数据也呈对数正态分布。

## 三、数据处理的方法

1. 有效数字

监测分析中得到的有实际意义的数字，包括全部可靠数字及最后一位不确定数字。有效数字的位数取决于测定仪器、工具和方法的精度。如分析天平称量药品时，天平的最小刻度是 0.0001g，如称量的药品质量为 1.5643g，前四位 1.564 为读取的准确数字，第五位"3"是估计出来的，为可疑数字，但是这五位都是有效数字。

数字"0"的含义与在有效数字的位置有关。当它表示与准确的相关的数字时，"0"是有效数字。当它只用于指示小数点的位置时，不是有效数字。

第一非零数字前的"0"不是有效数字，如 0.0025 有 2 位有效数字。非零数字中的"0"是有效数字，如 2.0026 有 5 位有效数字。小数最后一个非零数字后的"0"是有效数字，如 1.250 有 4 位有效数字。以零结尾的整数，其有效数字的位数难以判断，如 23600 可能是 3 位、4 位、5 位，但若写成 $2.36\times10^4$，则为 3 位有效数字。

2. 数据修约规则

各种测量、计算的数据需要修约时，应遵守 GB 8170—2008《数值修约规则与极限数值的表示和判定》中关于数值修约的规则：四舍六入五考虑，五后非零则进一，五后皆零视奇偶，五前为偶应舍去，五前为奇则进一。即小数点后第二位数字是5，其右面皆为零，则视左面一位数字，若为偶数（包括零）则不进，若为奇数则进一，这时修约完成后，最后一位数字应成双（偶）数。若拟舍弃的数字为两位以上数字，应按规则一次修约，不得连续多次修约。

在环境监测工作中，有时先将获得的数值按指定的修约位数多一位或几位数报出，然后由其他部门判定。

**【例 1-4】** 将下列数据修约到只保留一位小数：

14.3426、14.2631、14.2501、14.2500、14.0500、14.1500

**解** 按照上述修约规则

因保留一位小数，而小数点后第二位数小于、等于4者应予舍弃。

| 修约前 | 修约后 |
| --- | --- |
| 14.2631 | 14.3 |

小数点后第二位数字大于或等于6，应予进一。

| 修约前 | 修约后 |
| --- | --- |
| 14.2501 | 14.3 |

小数点后第二位数字为5，但5的右面并非全部为零，则进一。

| 修约前 | 修约后 |
| --- | --- |
| 14.2500 | 14.2 |
| 14.0500 | 14.0 |
| 14.1500 | 14.2 |

**【例 1-5】** 将 15.4546 修约成整数

正确的做法

| 修约前 | 修约后 |
| --- | --- |
| 15.4546 | 15 |

不正确的做法

| 修约前 | 一次修约 | 二次修约 | 三次修约 | 四次修约 |
| --- | --- | --- | --- | --- |
| 15.4546 | 15.455 | 15.46 | 15.5 | 16 |

3. 运算规则

有效数字的运算结果所保留的位数应遵循以下规则。

① 加减运算　加减法中，误差按绝对误差的方式传递，运算结果的位数取决于绝对误差最大的数据的位数，即取决于所有数中小数点后位数最少的。运算中可先取各数据比小数点后位数最少的多留一位小数进行加减，然后按上述规则修约。如 $1.2345+2.35+0.2584=3.842≈3.84$。

② 乘除运算　乘除法中，误差按相对误差的方式传递，运算结果的位数取决于相对误差最大的数据的位数，即根据有效数字位数最少的数来进行修约。运算中可先多保留一位，最后修约。如 $1.2345 \times 2.35 \times 0.2584 = 0.7481742 \approx 0.75$。

③ 乘方和开方　一个数据乘方和开方的结果，其有效数字的位数与原数据的有效数字的位数相同。如 $5.35^2 = 28.6225 \approx 28.6$。

④ 对数　对数值，如 pH 值，其有效数字的位数仅取决于小数部分数字的位数，因整数部分只代表该数的方次。如 pH $= 3.46$ 的有效数字位数是 2 位。

⑤ 求 4 个或 4 个以上准确度接近的近似值的平均值时，其有效数字可增加一位。

⑥ 计算式中的系数、常数、倍数、分数和自然数，可视为无限多位有效数字，其位数多少视情况而定。

4. 可疑数据的取舍

与正常数据不是来自同一分布总体，明显歪曲试验结果的测量数据，称为离群数据。可能会歪曲试验结果，但尚未经检验断定其是离群数据的测量数据，称为可疑数据。

在数据处理时，必须剔除离群数据以使测定结果更符合客观实际。正确数据总有一定分散性，如果人为地删去一些误差较大但并非离群的测量数据，由此得到精密度很高的测量结果并不符合客观实际。因此对可疑数据的取舍必须遵循一定的原则。

测量中发现明显的系统误差和过失误差，由此而产生的数据应随时剔除。而可疑数据的舍取应采用统计方法判别，即离群数据的统计检验。检验的方法很多，现介绍最常用的两种。

（1）狄克逊（Dixon）检验法　此法适用于一组测量值的一致性检验和剔除离群值，本法中对最小可疑值和最大可疑值进行检验的公式因样本的容量（$n$）不同而异，检验方法如下：

① 将一组测量数据从小到大顺序排列为 $x_1, x_2, \cdots, x_n$，$x_1$ 和 $x_n$ 分别为最小可疑值和最大可疑值；

② 按表 1-15 计算式求 $Q$ 值；

③ 根据给定的显著性水平（$\alpha$）和样本容量（$n$），从表 1-16 查得临界值（$Q_\alpha$）；

④ 若 $Q \leqslant Q_{0.05}$ 则可疑值为正常值；

若 $Q_{0.05} < Q \leqslant Q_{0.01}$ 则可疑值为偏离值；

若 $Q > Q_{0.01}$ 则可疑值为离群值。

表 1-15　狄克逊检验统计量 $Q$ 计算公式

| $n$ 值范围 | 可疑数据为最小值 $x_1$ 时 | 可疑数据为最大值 $x_n$ 时 |
|---|---|---|
| 3～7 | $Q=\dfrac{x_2-x_1}{x_n-x_1}$ | $Q=\dfrac{x_n-x_{n-1}}{x_n-x_1}$ |
| 8～10 | $Q=\dfrac{x_2-x_1}{x_{n-1}-x_1}$ | $Q=\dfrac{x_n-x_{n-1}}{x_n-x_2}$ |
| 11～13 | $Q=\dfrac{x_3-x_1}{x_{n-1}-x_1}$ | $Q=\dfrac{x_n-x_{n-2}}{x_n-x_2}$ |
| 14～25 | $Q=\dfrac{x_3-x_1}{x_{n-2}-x_1}$ | $Q=\dfrac{x_n-x_{n-2}}{x_n-x_3}$ |

【例 1-6】一组测量值从小到大顺序排列为：14.65、14.90、14.90、14.92、14.95、14.96、15.00、15.01、15.01、15.02。检验最小值 14.65 和最大值 15.02 是否为离群值？

解　检验最小值 $x_1=14.65$，$n=10$，$x_2=14.90$，$x_{n-1}=15.01$

$$Q=\frac{x_2-x_1}{x_{n-1}-x_1}=\frac{14.90-14.65}{15.01-14.65}=0.69$$

查表 1-16，当 $n=10$，给定显著性水平 $\alpha=0.01$ 时 $Q_{0.01}=0.597$。

$Q>Q_{0.01}$，故最小值 14.65 为离群值应予剔除。

检验最大值 $x_n=15.02$

$$Q=\frac{x_n-x_{n-1}}{x_n-x_2}=\frac{15.02-15.01}{15.02-14.90}=0.083$$

查表 1-16 可知，$Q_{0.05}=0.477$。

$Q<Q_{0.05}$，故最大值 15.02 为正常值。

表 1-16　狄克逊检验临界值（$Q_\alpha$）表

| $n$ | 显著性水平（$\alpha$） | | $n$ | 显著性水平（$\alpha$） | |
|---|---|---|---|---|---|
| | 0.05 | 0.01 | | 0.05 | 0.01 |
| 3 | 0.094 | 0.988 | 12 | 0.546 | 0.642 |
| 4 | 0.765 | 0.889 | 13 | 0.521 | 0.615 |
| 5 | 0.642 | 0.780 | 14 | 0.546 | 0.641 |
| 6 | 0.560 | 0.698 | 15 | 0.525 | 0.616 |
| 7 | 0.507 | 0.637 | 16 | 0.507 | 0.595 |
| 8 | 0.554 | 0.683 | 17 | 0.490 | 0.577 |
| 9 | 0.512 | 0.635 | 18 | 0.475 | 0.561 |
| 10 | 0.477 | 0.597 | 19 | 0.462 | 0.547 |
| 11 | 0.576 | 0.679 | 20 | 0.450 | 0.535 |

续表

| $n$ | 显著性水平($\alpha$) | | $n$ | 显著性水平($\alpha$) | |
| --- | --- | --- | --- | --- | --- |
| | 0.05 | 0.01 | | 0.05 | 0.01 |
| 21 | 0.440 | 0.524 | 24 | 0.413 | 0.497 |
| 22 | 0.430 | 0.514 | 25 | 0.406 | 0.489 |
| 23 | 0.421 | 0.505 | | | |

（2）格鲁勃斯（Grubbs）检验法　此法适用于检验多组测量值均值的一致性和剔除多组测量值中的离群均值；也可用于检验一组测量值一致性和剔除一组测量值中的离群值，方法如下：

① 有 $l$ 组测定值，每组 $n$ 个测定值的均值分别为 $\overline{x}_1$，$\overline{x}_2$，…，$\overline{x}_i$…，其中最大均值记为 $\overline{x}_{max}$，最小均值记为 $\overline{x}_{min}$；

② 由 $n$ 个均值计算总均值 $\overline{\overline{x}}$ 和标准偏差 $s_{\overline{x}}$；

③ 可疑值为最大均值 $\overline{x}_{max}$ 或最小均值 $\overline{x}_{min}$ 时，分别按下式计算统计量 $T$；

$$T=\frac{\overline{x}_{max}-\overline{\overline{x}}}{s_{\overline{x}}}\text{ 或 } T=\frac{\overline{\overline{x}}-\overline{x}_{min}}{s_{\overline{x}}} \tag{1-20}$$

④ 根据测定值组数和给定的显著性水平（$\alpha$），从表 1-17 查得临界值（$T$）；

⑤ 若 $T\leqslant T_{0.05}$，则可疑均值为正常均值；

若 $T_{0.05}<T\leqslant T_{0.01}$，则可疑均值为偏离均值；

若 $T>T_{0.01}$，则可疑均值为离群均值，应予剔除，即剔除含有该均值的一组数据。

表 1-17　格鲁勃斯检验临界值（$T_\alpha$）表

| $l$ | 显著性水平 | | $l$ | 显著性水平 | |
| --- | --- | --- | --- | --- | --- |
| | 0.05 | 0.01 | | 0.05 | 0.01 |
| 3 | 1.153 | 1.155 | 15 | 2.409 | 2.705 |
| 4 | 1.463 | 1.492 | 16 | 2.443 | 2.747 |
| 5 | 1.672 | 1.749 | 17 | 2.475 | 2.785 |
| 6 | 1.822 | 1.944 | 18 | 2.504 | 2.821 |
| 7 | 1.938 | 2.097 | 19 | 2.532 | 2.854 |
| 8 | 2.032 | 2.221 | 20 | 2.557 | 2.884 |
| 9 | 2.110 | 2.322 | 21 | 2.580 | 2.912 |
| 10 | 2.176 | 2.410 | 22 | 2.603 | 2.939 |
| 11 | 2.234 | 2.485 | 23 | 2.624 | 2.963 |
| 12 | 2.285 | 2.050 | 24 | 2.644 | 2.987 |
| 13 | 2.331 | 2.607 | 25 | 2.663 | 3.009 |
| 14 | 2.371 | 2.695 | | | |

【例1-7】10个实验室分析同一样品，各实验室 5次测定的平均值按大小顺序为：4.41、4.49、4.50、4.51、4.64、4.75、4.81、4.95、5.01、5.39，检验最大均值5.39是否为离群均值？

解

$$\bar{x} = \frac{1}{10} \sum_{i=1}^{10} \overline{x_i} = 4.746$$

$$s_{\bar{x}} = \sqrt{\frac{1}{10-1} \sum_{i=1}^{10} (\overline{x_i} - \bar{x})^2} = 0.305$$

$$\overline{x}_{\max} = 5.39$$

$$T = \frac{\overline{x}_{\max} - \bar{x}}{s_{\bar{x}}} = \frac{5.39 - 4.746}{0.305} = 2.11$$

当 $l = 10$，给定显著性水平 $\alpha = 0.05$ 时，查表1-17得临界值 $T_{0.05} = 2.176$。因 $T < T_{0.05}$，故 5.39 为正常均值，即均值为 5.39 的一组测定值为正常数据。

5. 监测结果的表述

对一个试样某一指标的测定，其结果表达方式一般有如下几种。

（1）用算术均数（$\bar{x}$）代表集中趋势　测定过程中排除系统误差和过失误差后，只存在随机误差，根据正态分布的原理，当测定次数无限多（$n \rightarrow \infty$）时的总体均值（$\mu$）应与真值（$X_t$）很接近，但实际只能测定有限次数。因此样本的算术均数是代表集中趋势表达监测结果的最常用方式。

（2）用算术均数和标准偏差表示测定结果的精密度（$\bar{x} \pm s$）　算术均值代表集中趋势，标准偏差表示离散程度。算术均值代表性的大小与标准偏差的大小有关，即标准偏差大，算术均数代表性小，反之亦然，故而监测结果常以（$\bar{x} \pm s$）表示。

（3）用（$\bar{x} \pm s$，$C_v$）表示结果　标准偏差大小还与所测均数水平或测量单位有关。不同水平或单位的测定结果之间，其标准偏差是无法进行比较的，而变异系数是相对值，故可在一定范围内用来比较不同水平或单位测定结果之间的变异程度。例如，用镉试剂法测定镉，当镉含量小于 0.1mg/L 时，最大相对偏差和变异系数分别为 7.3% 和 9.0%。

6. 均数置信区间和"$t$"值

均数置信区间是考察样本均数（$\bar{x}$）与总体均数（$\mu$）之间的关系，即以样本均数代表总体均数的可靠程度。

均数标准偏差的大小与总体标准偏差成正比，与样本含量的平方根成反比。

$$s_{\bar{x}} = \frac{s}{\sqrt{n}} \tag{1-21}$$

由于总体标准偏差不可知，故只能用样本标准偏差来代替，这样计算所得的均数标准偏差仅为估计值，均数标准偏差的大小反映抽样误差的大小，其数值愈小则样本均数愈接近总体均数，以样本均数代表总体均数的可靠性就愈大；反之，均数标准偏差愈大，则样本均数的代表性愈不可靠。

样本均数与总体均数之差对均数标准偏差的比值称为 $t$ 值。

$$t = \frac{\overline{x} - \mu}{s_{\overline{x}}} \tag{1-22}$$

移项

$$\mu = \overline{x} - t s_{\overline{x}} = \overline{x} - t \frac{s}{\sqrt{n}} \tag{1-23}$$

根据正态分布的对称性特点，应写成

$$\mu = \overline{x} \pm t \frac{s}{\sqrt{n}} \tag{1-24}$$

式中，右面的 $\overline{x}$、$s$ 和 $n$ 从测定可得，$t$ 与样本容量（$n$）和置信度有关，而后者可以直接要求指定。$t$ 值见表 1-18。由表可知，当 $n$ 一定，要求置信度越大则 $t$ 越大，其结果的数值范围越大。而置信度一定时，$n$ 越大 $t$ 值越小，数值范围越小。置信水平不是一个单纯的数学问题。置信度过大反而无实用价值。例如 100% 的置信度，则数值区间为 $[-\infty, +\infty]$，通常采用 90%～95% 置信度（0.10～0.05）。

**表 1-18 $t$ 值表**

| 自由度（$n'$） | $P$（双侧概率） | | | | |
|---|---|---|---|---|---|
| | 0.200 | 0.100 | 0.050 | 0.020 | 0.010 |
| 1 | 3.078 | 6.31 | 12.71 | 31.82 | 63.66 |
| 2 | 1.89 | 2.92 | 4.30 | 6.96 | 9.92 |
| 3 | 1.64 | 2.35 | 3.18 | 4.54 | 5.84 |
| 4 | 1.53 | 2.13 | 2.78 | 3.75 | 4.60 |
| 5 | 1.84 | 2.02 | 2.57 | 3.37 | 4.03 |
| 6 | 1.44 | 1.94 | 2.45 | 3.14 | 3.71 |
| 7 | 1.41 | 1.89 | 2.37 | 3.00 | 3.50 |
| 8 | 1.40 | 1.84 | 2.31 | 2.90 | 3.36 |
| 9 | 1.38 | 1.83 | 2.26 | 2.82 | 3.25 |
| 10 | 1.37 | 1.81 | 2.23 | 2.76 | 3.17 |
| 11 | 1.36 | 1.80 | 2.20 | 2.72 | 3.11 |
| 12 | 1.36 | 1.78 | 2.18 | 2.68 | 3.05 |
| 13 | 1.35 | 1.77 | 2.16 | 2.65 | 3.01 |
| 14 | 1.35 | 1.76 | 2.14 | 2.62 | 2.98 |

续表

| 自由度($n'$) | P（双侧概率） | | | | |
|---|---|---|---|---|---|
| | 0.200 | 0.100 | 0.050 | 0.020 | 0.010 |
| 15 | 1.34 | 1.75 | 2.13 | 2.60 | 2.95 |
| 16 | 1.34 | 1.75 | 2.12 | 2.58 | 2.92 |
| 17 | 1.33 | 1.74 | 2.11 | 2.57 | 2.90 |
| 18 | 1.33 | 1.73 | 2.10 | 2.55 | 2.88 |
| 19 | 1.33 | 1.73 | 2.09 | 2.54 | 2.86 |
| 20 | 1.33 | 1.72 | 2.09 | 2.53 | 2.85 |
| 21 | 1.32 | 1.72 | 2.08 | 2.52 | 2.83 |
| 22 | 1.32 | 1.72 | 2.07 | 2.51 | 2.82 |
| 23 | 1.32 | 1.71 | 2.07 | 2.50 | 2.81 |
| 24 | 1.32 | 1.71 | 2.06 | 2.49 | 2.80 |
| 25 | 1.32 | 1.71 | 2.06 | 2.49 | 2.79 |
| 26 | 1.31 | 1.71 | 2.06 | 2.48 | 2.78 |
| 27 | 1.31 | 1.70 | 2.05 | 2.47 | 2.77 |
| 28 | 1.31 | 1.70 | 2.05 | 2.47 | 2.76 |
| 29 | 1.31 | 1.70 | 2.04 | 2.46 | 2.76 |
| 30 | 1.31 | 1.70 | 2.04 | 2.46 | 2.75 |
| 40 | 1.30 | 1.68 | 2.02 | 2.42 | 2.70 |
| 60 | 1.30 | 1.67 | 2.00 | 2.39 | 2.66 |
| 120 | 1.29 | 1.66 | 1.98 | 2.36 | 2.62 |
| ∞ | 1.28 | 1.64 | 1.96 | 2.33 | 2.58 |
| 自由度($n'$) | 0.100 | 0.050 | 0.025 | 0.010 | 0.005 |
| | P（单侧概率） | | | | |

【例 1-8】 测定某废水中氰化物浓度得到下列数据：$n=4$，$\mu=15.30\text{mg/L}$，$s=0.10$，求置信度分别为 90% 和 95% 时的置信区间。

解　$n'=n-1=3$

置信度为 90% 时，查表 1-18 得 $t=2.35$，

$$\mu=15.30\pm2.35\frac{0.10}{\sqrt{4}}$$

$$\approx15.30\pm0.12（\text{mg/L}）$$

即 90% 的可能在 15.18～15.42mg/L 之间。

同理：置信度为 95% 时，查表 1-18 得 $t=3.18$

$$\mu=15.30\pm3.18\frac{0.10}{\sqrt{4}}$$

$$=15.30\pm0.16\ (\text{mg/L})$$

即数值区在 15.14～15.46mg/L 之间。

7. 测量结果的统计检验

在环境监测中，对所研究的对象往往是不完全了解，甚至是完全不了解，例如，测定值的总体均值是否等于真值？某种方法经过改进，其精密度是否有变化等，这就需要统计检验。下面讨论两均数差别的显著性检验（$t$ 检验）。

相同的试样由不同的分析人员或不同分析方法所测得均数之间差异，在实验室质量考核中，对标准样的实际测定均值与其保证值之间的差异，到底是由抽样误差引起的，还是确实存在本质的差别，可用计算 $t$ 值和查 $t$ 表的方法来判断两均数之差是属于抽样误差的概率有多大，即对这些差异进行"显著性检验"，简称"$t$ 检验"。当抽样误差的概率较大时，两均数的差异很可能是抽样误差所致，亦即两均数的差别无显著性意义；如其概率很小，即此差别属于抽样误差的可能性很小，因而差别有显著意义。

$t$ 检验判断的通则是：

当 $t < t_{0.05(n)}$，即 $P > 0.05$，差别无显著意义；

当 $t_{0.05(n)} \leqslant t < t_{0.01(n)}$，即 $0.01 < P \leqslant 0.05$，差别有显著意义；

当 $t \geqslant t_{0.01(n)}$，即 $P \leqslant 0.01$，差别有非常显著意义。

（1）样本均数与总体总数差别的显著性检验

【例 1-9】某含铁标准物质，已知铁的保证值为 1.06%，对其 10 次测定的平均值为 1.054%，标准偏差为 0.009，检验测定结果与保证值之间有无显著性差异。

解  $\mu=1.06\%$   $\bar{x}=1.054\%$   $n=10$   $n'=10-1=9$   $s=0.009\%$

$$s_{\bar{x}} = \frac{s}{\sqrt{n}}$$

$$t = \frac{\bar{x}-\mu}{s_{\bar{x}}} = \frac{1.054\%-1.06\%}{0.009\%/\sqrt{10}} = -2.11$$

$$|t| = 2.11$$

查 $t_{0.05(9)}=2.262$

$$|t|=2.11 < 2.262 = t_{0.05(9)} \qquad\qquad P > 0.05$$

即差别无显著意义，测定正常。

（2）两种测定方法的显著性检验

【例 1-10】为比较用双硫腙比色法和冷原子吸收法测定水中的汞含量，由 6 个合格实验室对同一水样测定，结果如下表所示，问两种测汞方法的可比性如何？

| 方　　法 | 1 | 2 | 3 | 4 | 5 | 6 | $\Sigma$ |
|---|---|---|---|---|---|---|---|
| 双硫腙比色法 | 4.07 | 3.94 | 4.21 | 4.02 | 3.98 | 4.08 | |
| 冷原子吸收法 | 4.00 | 4.04 | 4.10 | 3.90 | 4.04 | 4.21 | |
| 差数 $x$ | 0.07 | −0.10 | 0.11 | 0.12 | −0.06 | −0.13 | 0.01 |
| $x^2$ | 0.0049 | 0.0100 | 0.0121 | 0.0144 | 0.0036 | 0.0169 | 0.0619 |

**解**

$$\bar{x} = \frac{0.01}{6} = 0.017$$

$$s = \sqrt{\frac{\sum x_i^2 - \frac{(\sum x_i)^2}{n}}{n-1}}$$

$$= \sqrt{\frac{0.0619 - \frac{(0.01)^2}{6}}{6-1}}$$

$$= 0.111$$

$$s_{\bar{x}} = \frac{s}{\sqrt{n}} = \frac{0.111}{\sqrt{6}} = 0.0453$$

$$t = \frac{|\bar{x} - 0|}{s_{\bar{x}}} = \frac{0.0017}{0.0453} = 0.0375$$

查表 1-18 得 $t_{0.05(6)} = 2.57$

$t = 0.0375 < 2.57 = t_{0.05(6)}$ 　　　　　$P > 0.05$

差别无显著意义，即两种分析方法的可比性很好。

8. 直线相关和回归

在环境监测中经常要了解各种参数之间是否有联系，例如，BOD 和 TOC 都是代表水中有机污染的综合指标，它们之间是否有关？又如在水稻田施农药，水稻叶上农药残留量与施药后天数之间是否有关？下面将介绍怎样判断各参数之间的联系。

（1）相关和直线回归方程　变量之间关系有两种主要类型。

① 确定性关系　例如欧姆定律 $V = IR$，已知 3 个变量中任意 2 个就能按公式求第 3 个量。

② 相关关系　有些变量之间既有关系又无确定性关系，称为相关关系，它们之间的关系式叫回归方程式，最简单的直线回归方程为：

$$\bar{y} = ax + b \tag{1-25}$$

式中，$a$、$b$ 为常数，当 $x$ 为 $x_1$ 时，实际 $y$ 值在按计算所得 $\bar{y}$ 左右波动。

上述回归方程可根据最小二乘法来建立。即首先测定一系列 $x_1$，$x_2$，…，

$x_n$ 和相对应的 $y_1$，$y_2$，…，$y_n$，然后按下式求常数 $a$ 和 $b$。

$$a = \frac{n\sum xy - \sum_x \sum_y}{n\sum x^2 - (\sum x)^2}$$

$$b = \frac{\sum x^2 \sum y - \sum x \sum xy}{n\sum x^2 - (\sum x)^2}$$

(1-26)

**【例 1-11】** 用比色法测酚得到下表所列数据，试对吸光度（$A$）和浓度（$c$）回归直线方程。

| 项目 | 1 | 2 | 3 | 4 | 5 | 6 |
|---|---|---|---|---|---|---|
| 酚浓度 $c$/(mg/L) | 0.005 | 0.010 | 0.020 | 0.030 | 0.040 | 0.050 |
| 吸光度($A$) | 0.020 | 0.046 | 0.100 | 0.120 | 0.140 | 0.180 |

**解** 设酚浓度为 $x$，吸光度为 $y$

$\sum x = 0.155$    $\sum y = 0.606$    $n = 6$

$\sum x^2 = 0.00552$    $\sum xy = 0.0208$

$$a = \frac{6 \times 0.0208 - 0.155 \times 0.606}{6 \times 0.00552 - (0.155)^2}$$

$$= 3.4$$

$$b = \frac{0.00552 \times 0.606 - 0.155 \times 0.0208}{6 \times 0.00552 - (0.155)^2}$$

$$= 0.013$$

方程 $\overline{y} = 3.4x + 0.013$，浓度曲线见图 1-18。

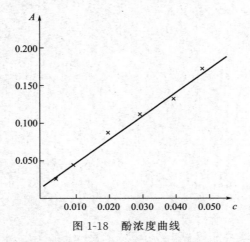

图 1-18 酚浓度曲线

（2）相关系数 相关系数是表示两个变量之间关系的性质和密切程度的指标，符号为 $\nu$，其值在 $-1 \sim 1$ 之间。公式为：

$$\nu = \frac{\sum(x-\overline{x})(y-\overline{y})}{\sqrt{\sum(x-\overline{x})^2 \sum(y-\overline{y})^2}} \qquad (1\text{-}27)$$

$x$ 与 $y$ 的相关关系有如下几种情况：

① 若 $x$ 增大，$y$ 也相应增大，称 $x$ 与 $y$ 呈正相关。此时 $0<\nu<1$，若 $\nu=1$，称完全正相关。

② 若 $x$ 增大，$y$ 相应减小，称 $x$ 与 $y$ 呈负相关。此时，$-1<\nu<0$，当 $\nu=-1$ 时，称完全负相关。

③ 若 $y$ 与 $x$ 的变化无关，称 $x$ 与 $y$ 不相关。此时 $\nu=0$。

对于环境分析与监测工作中的标准曲线，应力求相关系数 $|r|\geqslant0.9990$，否则，应找出原因，加以纠正，并重新进行测定和绘制。

# 模块二　专业核心技能模块
## ——空气环境监测的专业知识与技能

项目一 ▶ 气象参数的测定

## ● 典型工作任务

气象参数属于自然环境的物理因素，是描述空气物理性状和特征的重要指标。

在本项目中重点介绍的监测项目为气象参数，它包括气温、（相对）湿度、气压、风向和风速等。在空气理化检验工作中，气温、气压等对采样体积的影响很大，采样时必须测定气温、气压等气象参数。此外，气流对空气污染情况的影响非常大，对空气理化检验的结果也有很大影响，空气流动缓慢时，污染物扩散慢，被空气稀释的程度小，检验结果数值大，污染严重；相反，空气流动较快时，检验结果数值小，有时甚至检测不出污染物。因此，空气理化检验工作中有时还必须测定气流，了解空气流动对污染物的稀释、扩散程度，对检验结果进行补充说明。

## ● 任务驱动

通过本项目应具备的能力目标、知识目标及素质目标如下表。

| 能力目标 | 知识目标 | 素质目标 |
|---|---|---|
| 1. 能根据任务要求进行合理分工；<br>2. 能根据任务要求查找相关的标准、规范；<br>3. 能合理选择测定地点和测定时间；<br>4. 能熟练使用相关测量设备；<br>5. 能准确填写测定记录表 | 1. 掌握气温的测定方法；<br>2. 掌握空气湿度的测定方法以及相对湿度的计算；<br>3. 掌握气压的测定方法；<br>4. 掌握风速的测定方法；<br>5. 掌握新风量的测定方法以及计算方法 | 1. 养成团结合作、积极进取的协作精神；<br>2. 学会自我学习，树立追求知识、独立思考、勇于创新的科学态度和踏实能干、任劳任怨的工作作风；<br>3. 树立安全环保意识；<br>4. 树立诚信意识、质量意识和规范意识；<br>5. 学会发现问题、解决问题；学会沟通和应变方法；<br>6. 养成敬业爱岗、严格遵守操作规程的职业道德 |

● 知识链接——读一读

## 知识一　测定地点和测定时间的选择

1. 测定地点的选择

地理位置不同，气象参数可能不同。尤其在一些工作环境、生活环境中，不同地点的气象参数差异可能很大。

进行空气污染监测时，应选择采样点为气象参数的测定地点，单独测定工作环境的气象参数时，必须根据生产过程、热源分布、工作场所和建筑物的特征等实际情况确定测定地点。为了应用现场气象参数和卫生检验结果共同说明现场卫生条件情况时，常选择工人经常活动的场所（如休息场所和生产岗位）测定气象参数；测定点的高度与人的呼吸带相近，1.5m 高左右。当现场有热源存在时，应在不同高度、不同方位分别测定热辐射强度。

2. 测定时间的选择

空气理化检验工作中，采样时间就是气象参数的测定时间。单独测定工作环境中的气象参数时，应根据生产周期、劳动特点和测定目的选择测定时间。

调查工作环境气象参数对人体的影响时，应该在不同的季节测定室内外的气象参数；对环境气象参数变化小的工作场所，可以选择在冬夏两季进行测定，变化大的则应在不同的季节测定工作场所的气象参数；如果是专门调查炎热季节中高温对人体的影响，则只选择在夏季进行测定，每次测定 3～6 天，选择的测定日期要有代表性。测定中，应根据生产规律、生产特点确定每天气象参数的测定时间和测定次数。

生产过程中工作场所的气象参数变化不大时，可选择每个班次开始时测定一次，中间测定两次，下班时测定一次。有些工作场所的生产过程呈现周期性变化，气象参数变化较大，则应按照生产过程的规律，在一个工作班次中选择典型时间进行多次测定。条件许可时，可对现场所需气象参数进行在线监测，或每天在生产的全过程中每小时测定一次，动态监测工作环境气象参数的变化规律。

## 知识二　空气污染物浓度的表示方法

单位体积空气样品中所含有污染物的量，就称为该污染物在空气中的浓度。空气污染的浓度表示方法有两种。

1. 质量浓度

以单位体积空气样品中所含污染物的质量来表示，常用的有 $mg/m^3$ 和 $\mu g/m^3$。

2. 体积浓度

以单位体积空气中所含有害气体或蒸气的体积来表示。常用的有 ppm（$10^{-6}$）和 ppb（$10^{-9}$）和百分比浓度（%）。

国际标准化组织（ISO）以及我国排放标准和环境质量标准采用质量浓度和体积浓度表示。质量浓度表示法对各种状态污染物均能适用，它与体积浓度表示法在标准状况下有如下换算关系（由 ppm 换算成 $mg/m^3$）：

$$A(mg/m^3) = \frac{ME}{22.4} \qquad (2-1)$$

式中　$M$——污染物的摩尔分子质量，g/mol；

　　　$A$——质量浓度，$mg/m^3$；

　　　$E$——体积浓度，$ppm(10^{-6})$；

　　22.4——在标准状况（0℃，101325Pa）下气体的摩尔体积，L/mol。

【例 2-1】在标准状况下，已知空气中 $SO_2$ 的浓度为 $2ppm(10^{-6})$，试换算成 $mg/m^3$。

**解**　$M(SO_2) = 64g/mol$，

$$A = \frac{64 \times 2}{22.4} = 57.1(mg/m^3)$$

此外，对个别空气污染浓度的表示方法不宜用上述方法表示，如降尘是以 $[t/(km^2 \cdot 30d)]$ 表示；3，4-苯并芘，以 $\mu g/m^3$ 表示。

3. 空气体积换算

由于现场采样时的温度、大气压力都是变化着的，为了使计算出的空气污染物浓度有可比性，必须将采样体积换算成标准状况下的体积。

根据理想气体状态方程，在标准状况（0℃，101325Pa）下

$$V_0 = V_t \times \frac{273}{273+t} \times \frac{p}{101325} \qquad (2-2)$$

式中　$V_0$——标准状况下采样体积，L；

　　　$V_t$——在温度为 $t$（℃），大气压力为 $p$ 时的采样体积，L；

　　　$t$——采样现场的温度，℃；

　　　$p$——采样现场的大气压力，Pa。

## 知识三　气温的测定

温度是表示物体冷热程度的物理量，空气的温度称为气温（air temperature），一般是指距离地面 1.5m 左右，处于通风、防辐射条件下用温度计测得的温度。

气温具有重要的卫生学意义。它是影响体温调节的一个主要环境因素。

15.6～21℃是人体感觉最舒适的温度区段，最适宜于人们的生活和工作；20℃左右，人的体力消耗最小，工作效率最高，是最佳的工作环境温度。气温过高、过低都不利于人体健康。

在空气理化检验工作中，测定气温还有两个方面的作用，其中最常用的作用是用于换算采样体积，即通过测定采样点的气温，把现场温度下的采样体积换算成标准状态下的体积，将空气污染物的测定结果换算成标准状态下的结果，使测定结果具有可比性。测定气温的另一个作用是了解气温变化与空气污染程度的关系，有利于指导选择采样时间，有利于对某些测定结果加以补充说明。根据气温对空气污染物扩散情况的影响，人们将空气分为不稳定、中性和稳定三种状态。高空气温显著低于地面气温时，地面热空气迅速上升，上层冷空气下降，形成对流，这时空气不稳定，对流作用不断地把污染物带入较高的上空混合稀释。当地面气温低于高空气温时，将产生气温逆增，此时空气处于稳定状态，污染物不能上升，难以扩散，地面空气中污染物浓度将显著增高。

气温的季节性变化、日内变化对空气的污染程度也有明显的影响。冬季地面气温低，空气污染严重。一日之内早晚气温低，污染物浓度增高，而中午和下午气温相对较高，污染较轻。另外，中午和下午太阳辐射强度最强，空气的光化学烟雾污染也最严重。

1. 玻璃液体温度计法

（1）仪器及原理　常用的玻璃液体温度计有水银温度计、酒精温度计，它们由球部（温包）和玻璃细管组成。温度计的球部是一玻璃薄壁，内装水银或乙醇；玻璃细管是一根内空的玻璃管，与球部连通，形成一个封闭的空间。气温变化时，玻璃、液体都因热胀冷缩，体积改变，由于水银、乙醇液体的膨胀系数比玻璃的大，因此，当气温变化时，玻璃细管内的液柱高度随之变化。

单纯测定气温时，通常选用水银温度计、酒精温度计。水银比热容小，热导率大，沸点高，对玻璃没有湿润作用，因此，水银温度计的测定范围大（－35～350℃），结果准确。但是，由于水银凝固点高，不能测定更低的温度，同时水银热胀系数小，影响了水银温度计的灵敏度。乙醇凝固点低，沸点低，因此，酒精温度计可以测定较低的温度，但不能测定太高的温度，测定范围小（－100～75℃），0℃以上时乙醇膨胀不均匀，测定结果不够准确。

（2）测定方法　选择适当的测定地点，将温度计垂直悬挂于1.5m高处测定气温。在室内，测定气温的地点应无热辐射、不靠近发热设备和通风装置、不接触冷的物体；在室外，测定气温的地点要平坦、自然通风、大气稳定度好。

测定5～10min后读数。读数时应暂停呼吸，迅速读数，先读小数，后读整数。视线与液柱上端平行，水银温度计读取凸出弯月面最高点对应的数字，酒精温度计则读取凹月面最低点对应的数字。

2. 数显式温度计法

（1）仪器及原理 数显式温度计采用 PN 结、热敏电阻、热电偶、铂电阻等温度传感器作为感温部件，将温度变化转换为相应的电信号，经放大、转换后，在显示器上直接显示温度数值，方便读取。一般可测定 −40～90℃ 范围的气温。

（2）测定方法 插好仪器感温传感器，将传感器头部置于测定地点，开启仪器测定，待显示器读数稳定后，读取温度值。为了排除热辐射、冷的表面等因素的影响，应在感温元件外部放置一个金属罩。

数显式温度计特别适用于现场气温的在线测定；用水银温度计、酒精温度计测定采样现场气温更为方便，应用较多。

3. 气温测定的注意事项

① 使用前要检查温度计的完好性。水银或乙醇液柱应连贯，没有间断，如有间断，可通过离心、冷却或加热消除间断；玻璃液体温度计平时尽可能垂直静放，不能倒置、振动。

② 要根据现场气温的高低选择合适的温度计。

③ 要正确使用温度计。测定时，温度计球部要干燥，若沾有水滴，读数将偏低。手要握在读数刻度以上部位，避免呼吸和人体温度影响温度计的读数。要防止环境热辐射的影响，当待测环境中存在热辐射时，应选用通风温湿度计测定气温，不宜选用普通水银温度计或酒精温度计测定，因条件限制必须选用时，应在热辐射源与温度计之间放一隔热石棉板或金属片，也可以用铝箔或锡纸圆筒围住温度计的球部，阻隔热辐射的影响。

④ 要求准确测定温度时，应先校正温度计。

4. 温度计的校正

温度计的读数刻度是等分刻制的，而测温物质（如水银、乙醇）的感温属性与温度示值之间并不呈现严格的线性关系。因此，由等分刻制反映的温度读数与实际温度之间存在误差。温度计在使用前应进行校正，减免等分刻度等因素引起的误差。

校正温度计的方法较多，常用方法有标准温度计法、水沸点-冰点法。这两种方法操作简便，适用范围广。

实验室备有标准温度计时，可用标准温度计法校正温度计。先用标准温度计和待校正的温度计同时测定水的沸点（$B_0$ 和 $B_1$）；将温度计取出，在空气中自然冷却一段时间，温度读数接近室温后，再同时测定水的冰点（$M_0$ 和 $M_1$）。若待校正的温度计测得现场气温为 $M_x$，那么，现场气温的校正值为：

$$M = \frac{B_0 - M_0}{B_1 - M_1}(M_x - M_1) \qquad (2\text{-}3)$$

没有标准温度计或不使用标准温度计时，可以用水沸点-冰点法校正温度计读数。假设测得现场的气温为 $M_x$，气压为 $p_x$，根据 $p_x$ 值和相近气压下水的沸点、冰点数值（见表 2-1），用内插法计算出现场气压下对应的水的理论沸点、理论冰点（$B_0$ 和 $M_0$）；同标准温度计校正法一样，在实验室用待校正的温度计分别测定 $B_1$、$M_1$，将 $B_0$、$M_0$、$B_1$、$M_1$ 和 $M_x$ 代入上式，计算出现场气温的校正值 $M$。

因为 $B_0$ 和 $M_0$ 值是现场气压下计算的理论值，因此，该校正方法又称为理论沸点法。

**表 2-1　不同气压下水的沸点、冰点**

| 大气压/kPa | 沸点/℃ | 冰点/℃ | 大气压/kPa | 沸点/℃ | 冰点/℃ |
|---|---|---|---|---|---|
| 101.325 | 100.0 | 0 | 96.425 | 98.7 | 0 |
| 100.415 | 99.8 | 0 | 95.76 | 98.5 | 0 |
| 99.750 | 99.6 | 0 | 95.095 | 98.3 | 0 |
| 99.085 | 99.4 | 0 | 94.43 | 98.1 | 0 |
| 98.420 | 99.3 | 0 | 93.76 | 97.9 | 0 |
| 97.755 | 99.1 | 0 | 93.1 | 97.7 | 0 |
| 97.09 | 98.9 | 0 | | | |

# 知识四　气压的测定

包围在地球表面的大气层，以其自身的重量对地球表面产生的压力称为大气压强，简称气压（atmospheric pressure）。气压的法定计量单位是帕（Pa）；还有百帕（hPa）、千帕（kPa）、兆帕（MPa）。

通常把北纬 45°的海平面上，0℃时的正常气压（101.325kPa）称为一个大气压或一个标准大气压。

气压具有重要的卫生学意义。气压过高或过低对人体生理活动都有影响，甚至产生危害作用。气压太低时，可能因为缺氧而引发高山病和航空病。人从气压高的地方突然转移到正常气压的地方时，由于减压过速也可能发生潜涵病，也叫减压病。

气压的变化往往还显著地影响风向、风力等气象参数的变化。随着气压的升高，大气中污染物浓度也相应增大。例如，气压低于 750hPa 时，$SO_2$ 的浓度为 0.035mg/m³；气压为 760～770hPa 时，$SO_2$ 的浓度增至 1.583mg/m³。

尤其重要的是，空气样品的体积与气压直接相关。因此，在空气理化检验工作中，采样时必须测定现场气压，以便将现场采样体积换算为标准状态下的体积。

测定气压的常用仪器有空盒气压计、动槽式水银气压计（又称为杯状水银气压计）等；月记型或周记型自记气压计可以连续测量、记录气压的变化情况。

空气理化检验工作中，人们常常携带空盒气压计测定采样现场的气压，动槽式水银气压计一般固定安装在室内，用来测定气压或校正空盒气压计。

1. 空盒气压计

空盒气压计测量气压的范围为 800～1070hPa，适用于海拔高度 2000m 以内地带的测定。

（1）结构原理　空盒气压计由具有弹性的波状薄壁金属空盒构成，空盒正面有刻度盘和指针，指针与杠杆系统连接。盒内呈真空状态，当气压增高时，盒壁收缩而内凹；气压降低时，盒壁膨胀而隆起。借助于杠杆和齿轮的转动，盒壁的这些变化被放大并传递到指针，指示出气压值。

空盒气压计携带方便，使用简便，适用于室外和现场的测定，但其精确度差。

（2）测定方法　将仪器平放，先读取气温值，准确到 0.1℃。用手指轻扣仪器表面数次，以克服传递部分的机械摩擦误差，再读取气压值。为了使测定结果更加精确，读数后要对气压值进行修正：一是进行器差修正，主要是修正仪器自身读数基点不准、标尺刻度不准所引起的读数误差，从气压计附表的刻度订正曲线中查得订正值，修正仪器刻度误差；二是进行温度修正，就是把不同气温下测量的气压值换算为 0℃时的气压值，以便于比较。温度订正值可按下式计算或查表求得。

$$\Delta p = \alpha t \tag{2-4}$$

式中，$\Delta p$ 为温度订正值，hPa；$t$ 为测定时的气温，℃；$\alpha$ 为温度系数，即当温度改变 1℃时，空盒气压计读数的改变值，可以从仪器检定证中查得。

当气温在 0℃以上时，从气压读数中减去气温订正值；气温在 0℃以下时，则加上气温订正值。

2. 动槽式水银气压计

（1）结构原理　动槽式水银气压计由感应部分、刻度部分和附属部分组成（见图 2-1）。感应部分包括水银、玻璃内管和水银槽等。玻璃管上端封闭，管内呈真空状态，下端插入水银杯中，管内水银柱与杯中水银连通，气压升高或降低时，水银柱高度随之变化。刻度部分由固定刻度尺、游标尺和象牙针组成。应用固定刻度尺和游标尺配合读数，读数误差小，测量结果精确，因此，常用它来校正其他气压计。附属部分主要是一支小型的温度计，用于测定气压计表面温度。由于动槽式水银气压计装有较多的水

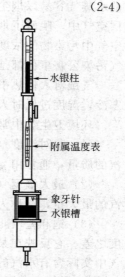

图 2-1　动槽式水银气压计

银，体积较大，不便于携带到现场使用。

（2）测定方法　先测定气温、气压，然后修正气压读数。

测定气压时，旋动仪器上的调节螺旋，使水银杯内的液面刚好接触象牙指针针尖；移动游标尺，使其零刻度线与水银柱液面相切；根据游标尺零刻度线在固定刻度尺上所指的刻度，读出气压的整数值。再从游标尺上找到一条刻度线，它与固定刻度尺上某一条刻度线成一直线（在同一水平面），游标尺上的这一刻度线数值就是气压读数的小数值。

精确测量气压时，还要根据仪器说明书对气压读数进行器差修正和气温修正。其修正方法同空盒气压计。

（3）方法说明　动槽式水银气压计要垂直悬挂，固定在墙上，避免日光直射，周围无热源、冷源，空气畅通、无风。测定完毕后，调节螺旋降低水银液面，使象牙针尖脱离水银面。

# 知识五　气湿的测定

空气的湿度称为气湿（air humidity），表示空气的含水量。气湿变化较大，一般随气温升高而增大。气湿与地理位置有关，海洋湖泊附近和森林绿地地带气湿较大，沙漠和高山地区气湿小；城市因热岛效应、植被面积小，湿度比郊区的小。

空气湿度对空气污染物的扩散有较大的影响。气温较低湿度较大时，空气中的水蒸气容易以烟尘、微尘为凝结核形成雾，使污染物粒子增重下沉，积聚在低层空气中，阻碍了烟气的扩散，加重了空气的污染。所以当气湿很大形成雾时，空气中污染物的浓度往往显著增高，污染加重。伦敦烟雾事件和美国多诺拉的空气污染公害事件都是在有雾的情况下形成的严重空气污染事件。

气湿对人体热平衡有重要作用。高温高湿时人感到烦闷，低温高湿时人感到寒冷，湿度过低时人感到口干舌燥，还可能导致皮肤干裂。

环境卫生学中常用以下五种物理参数表征气湿，其中相对湿度应用最多。

（1）绝对湿度（absolute humidity）　一定气温下，单位体积空气中所含水汽的质量，通常用 $g/m^3$ 或 $mg/m^3$ 表示，也可用水蒸气的分压（kPa）来表示。

（2）最大湿度（maximum humidity）　一定气温下，单位体积空气中所含水汽的最大量，又称为空气的饱和湿度。

（3）饱和差（saturated difference）　一定气温下，空气的最大湿度与绝对湿度之差。它反映在某气温下，单位体积空气中还能容纳水汽的量，即单位体积空气中实际含有水汽的量距离饱和状态的程度，差距越大，说明单位空气中还可容纳越多的水汽。

（4）生理饱和差（physiological saturated difference）　37℃时，空气的最大

湿度与绝对湿度之差。生理饱和差愈大，表明人体散热愈容易，反之愈难。生理饱和差为负值时，人体不能借助蒸发汗水来散热，对人体健康不利。

最大湿度、饱和差和生理饱和差的单位与绝对湿度的单位相同。

（5）相对湿度（relative humidity）是绝对湿度与最大湿度的比值，即空气中实际含水汽的量与同一温度条件下饱和水汽量的比值，用百分比表示。

$$相对湿度（\%）=\frac{绝对湿度}{相同温度时的最大湿度}\times100\%$$

人们常用相对湿度来表示空气湿度。一般情况下，相对湿度为30%～70%时人体感到舒适；相对湿度大于80%时为高气湿，小于30%时为低气湿。居室内较舒适的气象参数是：室温18℃时，相对湿度应控制在30%～40%；室温25℃时，相对湿度应控制在40%～60%。当外界温度超过30℃，相对湿度高于70%时，生理饱和差小，皮肤表面蒸发散热发生困难，可能出现人体体温调节障碍。

1. 通风干湿计法

该方法只能够测定某一时刻空气的湿度，不能连续测定某一时段的气湿，不能记录气湿的连续变化。因此，准确地说这种测定湿度的仪器是通风干湿表，这种测定方法又称为通风干湿表法。

通风干湿计法常选用通风温湿度计和干湿球温湿度计测定气湿，这两种仪器结构相似，测湿原理相同，操作方便，应用广泛。

A. 通风温湿度计

（1）仪器结构　通风温湿度计由两支结构和性能完全相同的水银温度计组成（见图2-2），两支温度计的球部都安装在镀镍或镀铬的双层金属风管内。两支温度计中，有一支的球部包有纱布，吸引水杯中的蒸馏水将温度计的球部湿润，形成湿球温度计。另一支温度计球部没有包裹纱布，球部处于正常干燥状态，称为干球温度计，它可以单独测定气温，与湿球温度计配合又可用于测定气湿。测定时，球部能感应空气的温度，又能反射环境热源的热辐射，排除了热辐射对温度读数的影响。外管以象牙环扣接温度计，有利减少传导热的作用。仪器顶端有一个小风机，旋紧小风机的发条或用电力带

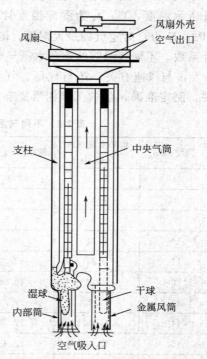

图2-2　通风温湿度计

动，机身外部备有防风罩，保护风叶匀速自转产生恒定风速，不受外界强风干扰，有利于室外测定。风机与风管相连，开动时抽吸空气从风管下端进入，以恒定流速（2~4m/s）流过干、湿球表面。风速的稳定使湿球表面始终处在一定的风速、温度条件下蒸发水分，排除了风速变化对水分蒸发速度的影响。

（2）测定原理　一定温度的气流匀速通过干湿球温湿度计时，干球温度计显示空气的温度。由于湿球表面湿度较空气的大，空气流过湿球时，加速了表面水分蒸发的速度，导致湿球球部温度下降，温度示值低于干球温度计的读数。被测空气愈干燥，湿球水分蒸发越快，干、湿球温度计温差越大，利用温差值可以测定空气的湿度。

（3）测定方法　取适量蒸馏水湿润纱布条，开动风机，将通风温湿度计悬挂在测定地点，3~5min后分别读取干球、湿球温度计的读数，计算温差。从仪器附有的专用湿度表上查得测定风速下的相对湿度，也可按下式计算相对湿度。

$$A = F_1 - a(t_1 - t_2)p \qquad (2-5)$$

$$RH = \frac{A}{F} \times 100\% \qquad (2-6)$$

式中，$A$ 为空气的绝对湿度，kPa；$RH$ 为空气的相对湿度；$t_1$ 为干球温度计所示温度，℃；$t_2$ 为湿球温度计所示温度，℃；$F_1$ 为 $t_2$ 时空气的最大湿度，kPa；$F$ 为 $t_1$ 时空气的最大湿度，kPa；$p$ 为测定时的大气压，kPa；$a$ 为温湿度计系数。不同气温时的饱和水蒸气分压和密度见表 2-2。

$a$ 与风速有关，还与气压、气温、湿球球部形状及纱布包扎情况等因素有关，测定准确 $a$ 值的工作相当复杂。表 2-3 列出了 $a$ 的数值。

表 2-2　不同气温时的饱和水蒸气分压和密度

| 温度/℃ | 饱和水蒸气压/mmHg | 密度/(mg/m³) | 温度/℃ | 饱和水蒸气压/mmHg | 密度/(mg/m³) |
|---|---|---|---|---|---|
| −10 | 2.15 | 2.36 | 25 | 23.76 | 23 |
| 0 | 4.58 | 4.85 | 30 | 31.8 | 30.4 |
| 5 | 6.54 | 6.8 | 37 | 47.07 | 44 |
| 10 | 9.21 | 9.4 | 40 | 55.3 | 51.1 |
| 11 | 9.84 | 10.01 | 60 | 149.4 | 130.5 |
| 12 | 10.52 | 10.66 | 80 | 355.1 | 293.8 |
| 13 | 11.23 | 11.35 | 95 | 634 | 505 |
| 14 | 11.99 | 12.07 | 96 | 658 | 523 |
| 15 | 12.79 | 12.83 | 97 | 682 | 541 |
| 20 | 17.54 | 17.3 | 98 | 707 | 560 |

续表

| 温度/℃ | 饱和水蒸气压/mmHg | 密度/(mg/m³) | 温度/℃ | 饱和水蒸气压/mmHg | 密度/(mg/m³) |
|---|---|---|---|---|---|
| 99 | 733 | 579 | 110 | 1074.6 | — |
| 100 | 760 | 598 | 120 | 1489 | — |
| 101 | 788 | 618 | 200 | 11659 | 7840 |

注：1mmHg＝133.322Pa。

**表 2-3　温湿度计系数**

| 风速/(m/s) | 系数值 | 风速/(m/s) | 系数值 | 风速/(m/s) | 系数值 |
|---|---|---|---|---|---|
| 0.13 | 0.00130 | 0.16 | 0.00120 | 0.20 | 0.00110 |
| 0.30 | 0.00100 | 0.40 | 0.00090 | 0.80 | 0.00080 |
| 2.30 | 0.00070 | 3.00 | 0.00069 | 4.00 | 0.00067 |

（4）方法说明　温度计球部要清洁；干球球部要干燥无水滴；纱布湿润前，两支温度计的状态相同，温度读数差值不超过 0.1℃。

为了确保纱布具有良好的吸水性，纱布要干净，要及时更换，最好是脱脂、洗去糨糊的白色薄针织纱布。为了保证球部湿润程度一致，纱布要紧贴球部，不能折叠，重叠部分越少越好。加水湿润纱布时要控制好加水量，以保证球部周围空气流通，以利于湿球球面水分正常蒸发。

B. 干湿球温湿度计

与通风温湿度计相比，干湿球温湿度计测定气湿的原理相同，方法相似，仪器结构简单，但测定结果准确性较差，对结果没有特殊要求时可以用它测定气湿。干湿球温湿度计也由两支结构和性能相同的温度计组成。一支包裹纱布，湿润后形成湿球温度计，两支温度计和一个小水杯固定在平板上。它没有小风机，在测定地点实际风速条件下测定气湿；没有防止热辐射的金属套管，自身不能防止热辐射的干扰。测定地点应通风良好，没有热辐射，以免影响测定结果。若存在热辐射源，应在温度计与热辐射源之间放一块石棉板隔热，也可以用金属板、铝箔或锡箔隔热。测定时要注意风速的影响。如果风速与仪器相对湿度表所列风速范围相差较大，不能用查表的方法确定相对湿度，必须用公式计算相对湿度。

2. 电湿度计法

电湿度计由传感器感应环境湿度的变化，引起传感器的某一特性改变，产生相应的电信号，自动转化处理后在仪器上直接显示空气湿度数值。所用的传感器有氯化锂电阻式、氯化锂露点式和高分子薄膜电容式等。

电阻式氯化锂湿度计由测试仪表和氯化锂湿敏元件两部分组成。在湿敏元件的有机玻璃支架上绕制两根互相平行的金属丝，组成一对电极，电极间涂加一层吸湿剂氯化锂溶液。空气相对湿度大时，空气中水蒸气压比氯化锂溶液的大，氯化锂溶液吸收空气中的水分，电阻变小。反之，电阻变大。因此，用仪表测试两电极间电阻的变化，即可测得空气的相对湿度。

该仪器通电 10min 即可读取测定结果，操作简便，但测定装置要经常清洗，仪器连续工作一段时间后，必须清洗氯化锂测头；环境中腐蚀气体浓度较高时不能使用。

## 知识六　气流的测定

当气温、气压不同时，空气将从低温处向高温处流动，从高气压处向低气压处流动。空气的流动称为气流（air current），又称为风。

空气作水平运动时具有方向和速率。水平气流的来向称为风向。风的速率称为风速，指单位时间内空气在水平方向流过的距离，单位为 m/s，或 km/h 等。

风（气流）能促使干冷空气和暖湿空气的交换，影响气候变化，影响居室房间的通风换气和人体的散热。

风向和风速对空气污染物具有传递和稀释作用，是决定污染物在空气中的扩散程度和污染程度的重要因素。在风向和风速的作用下，污染物在空气中可由一处迁移到另一处；由于空气的稀释，污染物的浓度逐渐降低，而污染范围逐渐扩大。

测定气流就是测定风向和风速。应用较多的测定仪器有三杯风向风速表、轻便携带式翼状风速计和热球式电风速计。其中，翼状和杯状风速仪的机械摩擦阻力大、仪器惰性较大，风速小于 0.5m/s 时仪器不能转动，无法读数。热球式电风速计可以测定微风，当风速小于 0.5m/s 时，可选用热球式电风速计测定风速。

1. 三杯风向风速表测定法

（1）仪器结构和原理　该仪器由风向仪和风速表两部分组成（见图 2-3），可同时测定风向和风速。

风向仪包括风向杯、方向盘和小套管制动部件。风向杯转动灵活，是风向指示的感应部分。环绕在垂直轴上的半圆球状的小杯是风速表的感应部分。它们借助风力转动，经过齿轮带动仪器表面的指针运转，由指针指示的刻度数和所用时间计算出风速（m/s）。

（2）测定方法　测定风向时，将小套管拉下，并将其向右转过一定角度，待方向盘按地磁子午线方向稳定后，风向指针在方向盘上所指的方位就是待测的风向。

测量风速时，先按下启动杆，使风速指针回到零位。放开启动杆开始测量风速。此时记时指针、风速测定指针同时走动。到达记时最初位置时（通常为1min），指针都停止转动。风速测定指针所指示的数值称为指示风速；根据指示风

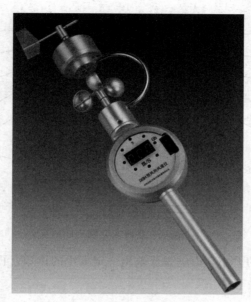

图 2-3 三杯风向风速表

速从风速校正曲线上找出现场实际风速。实际风速是测定时间范围内的平均风速。

测定完毕后，将小套管向左转动一定角度，恢复原位，固定方向盘，放回盒内。

2. 翼状风速计测定法

翼状风速计不能测定风向，只能测定风速。它的风速感应器是由轻质铝片制造的翼片构成，其构造原理和风速测定方法与杯状风速表相似。测风灵敏度高，测量范围为 0.5~10m/s，因轻质铝翼容易变形，不能测定大于 10m/s 的风速。

3. 热球式电风速计测定法

国产热球式电风速计测定风速范围为 0.05~10m/s，可以测定低风速，以普通干电池为电源，使用方便，适用于室外测定。

(1) 仪器结构和原理  该仪器由热球式测杆探头和测量仪表两部分组成 (图 2-4)。测杆探头的头部有一个直径约 0.6mm 的玻璃球，球体内绕有镍铬丝线圈，电流通过时发热，加热球体。球体内有两个串联的热电偶，它的工作端与发热线圈相连，冷端连接在磷铜质的支柱上，暴露于现场空气中。

该仪器利用被加热物体的散热速率与周围空气流速有关的原理来测量现场风速。测定中，用一定大小的电流通过线圈，玻璃球受热升温。由于该球体暴露在测定现场的空气中，球体与周围空气进行热交换，现场风速越大，热交换越多，球体温度升高程度越小。反之，温度升高程度越大。球体升温程度的大小体现为

**63**

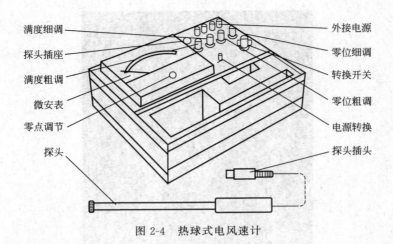

图 2-4　热球式电风速计

热电偶两端温度差的大小，由电表反映出一定大小的读数，再通过校正曲线求得风速的大小。

（2）测定方法

① 机械调零　调节机械调零螺钉，使指针回零。

② 校正仪器　先将"校正开关"置于"断"的位置；将测杆插头插入插座后，向上垂直放置测杆，螺塞压紧使探头密封。再将"校正开关"置于"满度"位置，调节"满度调节"旋钮，使电表指针指在满刻度位置。然后将"校正开关"置于"零位"位置，调节"粗调、细调"，使电表指针校正在零点位置。

③ 测量风速　轻轻拉动螺塞，露出测杆探头，并使探头上的红点面对风向测量风速。记录仪器读数，从校正曲线找出现场风速（m/s）。

④ 关闭仪器　测量完毕后，将"校正开关"置于"断"的位置，切断电源。

（3）方法说明

① 热球式电风速计属于精密仪器，要避免震动和碰撞；有腐蚀性气体、含尘较多的现场都不能使用。

② 测定时间较长时，每隔一段时间（10min）要进行一次"零位""满位"的校正。

③ 校正仪器时，若指针不能指到"零位"或"满位"，应更换电池。

## 知识七　新风量的测定

新风量（air change flow）是指在门窗关闭的状态下，单位时间内由空调系统通道、房间的缝隙进入室内的空气总量，单位：$m^3/h$，室内气流对室内污染物具有稀释和扩散作用，直接影响对室内空气中微生物和其他污染物的有效清除。随着现代建筑门窗材料质量和密封程度的不断提高，室内的自然换气次数大幅下降，已经从平房的每小时 2~3 次降到每小时 0.3~0.5 次，进入室内的新鲜空气量减少，室内空气污染程度增加，空气质量下降，影响人体健康。新风量的测定已成为空气理化检验工作的一个重要项目。

新风量不足是产生"不良建筑物综合征"的一个重要原因。一般来说，从健康角度出发，新风量越多，越有利于人体健康，但新风量超过一定限度时也必然伴随冷、热负荷的过多消耗，带来不利的影响。《室内空气质量标准》(GB/T 18883—2002) 规定新风量为 30m³/(h·人)，也就是说，空间为 30m³ 的房子中仅有一个人时，每小时要换气一次。

通风口的通风量等于通风口的风速与面积的乘积。

$$L = VA \times 3600 \tag{2-7}$$

式中　$L$——每小时总风量，m³/h；

　　　$V$——通风口有效截面上的平均风速，m/s；

　　　$A$——通风口的有效截面积，m²。

测定了通风口的面积和风速，由上式计算室内通风量。当进入室内的空气完全是新风时，计算的总风量就是进入室内的新风量。

1. 测定点的布设

通风口可能是机械通风的送风口、新风的进风口，也可能是自然通风的窗口。气体流经一个通道的通风口时，不同位点上的风速不同，接近管壁处的风速小，远离管壁处的风速大。因此，测定风速前应根据通风口横截面的特点，选择好风速的测定点。

(1) 机械通风送风口的布点　这种送风口一般是矩形和圆形。矩形送风口按图 2-5 布点。将风口截面分为若干个小矩形，最好呈正方形，边长为 150mm，每个小矩形的中央布置一个风速测定点。

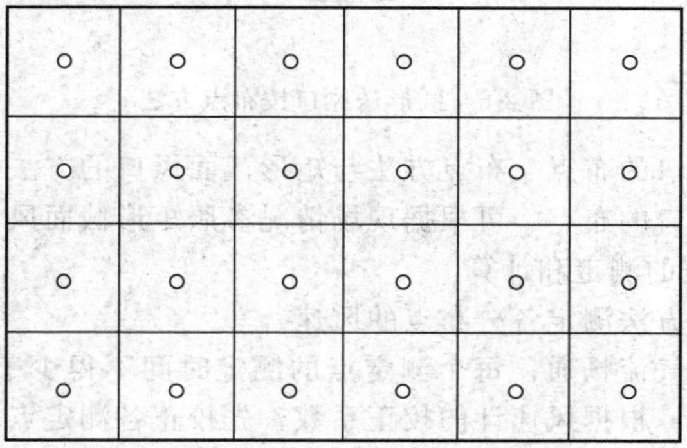

图 2-5　矩形送风口按布点方法

圆形送风口按图 2-6 布点测定风速。在截面上划出两条通过圆心的正交线，按下式计算各圆半径，划出若干个同心圆。在圆周与正交线的每个相交处安排风速测定点。

$$R_i = R\sqrt{\frac{2i-1}{2n}}\qquad\qquad(2\text{-}8)$$

式中　$R_i$——第 $i$ 号测定点的半径；

　　　$R$——送风口截面的半径；

　　　$i$——自截面中心引出的半径号；

　　　$n$——同心圆数，$R \leqslant 150\text{mm}$ 时，$n=3$；$R \leqslant 300\text{mm}$ 时，$n=4$；$R \leqslant 500\text{mm}$ 时，$n=5$；$R \leqslant 700\text{mm}$ 时，$n=6$；$R \geqslant 750\text{mm}$ 时，$R$ 值每增加 250mm，$n$ 值增加 1。

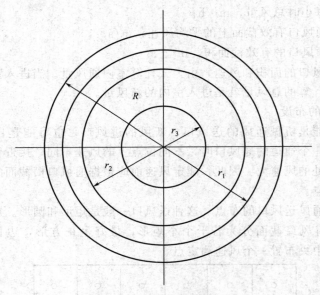

图 2-6　圆形送风口按布点方法

（2）外界进风口的布点　布点方法与矩形截面风口的方法相同。

（3）自然通风口的布点　可根据现场情况参照矩形截面风口布点。

2. 通风口风速的测定和计算

按照气流测定方法测定各分布点的风速。

测定时要确保气流畅通；每个测定点的测定时间不得少于 2min，待风速计读数稳定后再读数。根据风速计的校正系数，先校正各测定点的风速，计算通风口的平均风速（$v$，m/s），然后按公式计算总风量或新风量（$L$）。

除此，也可采用示踪气体法。

3. 示踪气体法测定新风量

在空气运动研究工作中，示踪气体是指能与空气混合，但本身不发生任何改变，并且在很低的浓度时就能被测出的气体的总称。示踪气体必须是无色、无味，使用浓度无毒、安全，环境本底值低，易采样、易分析。常用的示踪气体有 $CO$、$CO_2$、$SF_6$（六氟化硫）、八氟环丁烷和三氟溴甲烷。依据《公共场所卫生检验方法 第1部分：物理因素》（GB/T 18204.1—2013）中"室内新风量测定方法——示踪气体浓度衰减法"测定新风量。

（1）原理 在待测室内通入适量示踪气体，由于室内、外空气交换，示踪气体浓度呈指数衰减，根据其浓度随时间的变化值，计算室内的新风量。

（2）测定步骤

① 测定室内空气总量 分别测定室内容积（$V_1$，$m^3$）和室内物品（如桌、床、柜等）的总体积（$V_2$，$m^3$），按下式计算室内空气体积（$V$，$m^3$）。

$$V = V_1 - V_2$$

② 调试仪器 按照仪器说明书校正示踪气体浓度测定仪，并在清净的环境中对仪器进行归零调整和感应确认。

③ 采样与测定

a. 示踪气体浓度的发生和测定 关闭门窗，在室内通入适量示踪气体后，将气源移至室外；用摇摆风扇搅动空气 3～5min，使示踪气体分布均匀。

按对角线或梅花状布点采集空气样品，同时在现场测定、记录示踪气体的浓度。

b. 计算空气交换率 单位时间内由室外进入室内的空气总量与该室室内空气总量之比称为空气交换率，单位：$h^{-1}$。可以用平均法或回归方程法计算空气交换率。

平均法比较简便。在室内通入示踪气体，浓度均匀时采样，测定开始时示踪气体的浓度；15min 或 30min 时，再次采样、测定最终示踪气体的浓度。前后浓度自然对数之差除以测定时间就是平均空气交换率。

$$A = \frac{\ln c_0 - \ln c_t}{t} \qquad (2\text{-}9)$$

式中 $A$——平均空气交换率，$h^{-1}$；

$c_0$——测量开始时示踪气体浓度，$mg/m^3$；

$c_t$——时间为 $t$ 时示踪气体浓度，$mg/m^3$；

$t$——测定时间，$h$。

回归方程法较平均法复杂。当示踪气体浓度均匀时，在 30min 内按一定的时间（$t$）间隔测量示踪气体浓度（$c$），测量频次不少于 5 次。用浓度的自然对数与对应的时间作 $\ln c$-$t$ 图。用最小二乘法进行回归计算，回归方程式的斜率即为空气交换率。

$$\ln c_t = \ln c_0 - At \tag{2-10}$$

当室内空气示踪气体本底浓度不为 0 时，前两个公式中的 $c_t$、$c_0$ 要先减去本底浓度，然后再取自然对数计算 $A$ 值。

④ 结果计算　按下式计算新风量。

$$Q = AV \tag{2-11}$$

式中　$Q$——新风量，$m^3/h$；

　　　$A$——空气交换率，$h^{-1}$；

　　　$V$——室内空气容积，$m^3$。

● 议一议

(1) 什么叫气象参数？它包括哪些因素？

(2) 空气理化检验工作中测定气象参数有何意义？

(3) 采样点现场气温为 23℃，大气压力为 760.5mmHg（1mmHg ＝ 133.322Pa），采集空气体积 15L，请换算出标准状况下的采样体积是多少？

(4) 在同一地点采样测定二氧化硫的浓度，在中午采样测得结果是 0.15mg/$m^3$，在傍晚采样测得结果为 0.15ppm($10^{-6}$)。试问日变化中何时二氧化硫污染较严重？

(5) 简述动槽式水银气压计测定气压的方法。

(6) 什么叫相对湿度？

(7) 什么叫新风量？简述示踪气体法测定新风量的主要步骤。

● 技能训练——做一做

### 任务　气象参数的测定

（一）实验目的

掌握常规气象参数的测定方法。

（二）气象参数的测定

1. 风向与风速的测定

测定风向与风速常用 DEM6 型轻便三杯风向风速仪，该仪器可用于测量风向和 1min 内的平均风速（测量范围为 0～30m/s）。

(1) DEM6 型轻便三杯风向风速仪的基本结构和工作原理

① 结构　风向风速仪由风向仪、风速表、手柄三部分组成。

② 基本工作原理　风向仪是借小套管将空心套管由上拉下时，使方向盘落在方向顶上，方向盘周围有方位刻度和度数，内装有磁棒。当方向盘在顶针上稳定下来时，从箭头方向看去，指针指的方位即为所测风向。

利用风速表的感应元件——旋杯的转速与风速的固定关系，从而测出 1min 内的平均风速（直接从表上读取数值）。

（2）测量方法

① 先将仪器组装好并安置（或手持着）在四周开阔无高大障碍物的地方，安置高度以便于观测为限，保持仪器直立。

② 将小套管拉下并右转一角度，此时方向盘就可按地磁子午线的方向稳定下来，读出风向指针与方向盘所对应的读数即风向，如指针摆动可读其中值。

③ 用手指压下启动杆（此时风速指针回到零），放开启动杆后，红色小指针（时间指针）和风速指针就开始走动。经 30s 后，指针停止转动，测量完成，风速指针所指示的读数即为风速，此时风速为指示风速。再从风速曲线图（由厂方或计量校准部门测校后发给）中查出实际风速值即为所测的平均风速（实际风速）。

④ 如欲进行下一次测定时，只要再压下启动杆即可。

⑤ 当测定完毕后，将小套管向左转一角度，使其恢复原来位置，以固定方向盘，小心地将风向仪和风速仪退下，放入仪器盒内。

（3）注意事项

① 切勿用手触摸旋杯，取出、放入仪器只能拿壳体。

② 防治污染、碰撞、震动，各轴承和紧固体不准随意松动。

③ 仪器工作时，切勿按压启动杆，以防传动部件损坏。

④ 若仪器被雨、雪打湿需软布擦干后放入盒内。

2. 大气压力的测定

常用于测定大气压的仪器为空盒气压计。

空盒气压计又名无液大气压力计。它是由一个半真空并具有弹性的薄金属膜制成的圆形盒所构成。当大气压力降低时，空盒相对膨胀。大气压增加时，空盒就收缩。这种空盒的变形，影响与其相连的杠杆系统和齿轮等传动装置，传递到可沿刻度盘转动的指针，指针所指的刻度即为测量的大气压力值。

仪器工作时必须水平放置，防止由于任意方向倾斜而造成的仪器读数误差。

进行气压和温度读数时，应注意下列事项：

① 为了消除传动机构中的摩擦，在读数时敲轻仪器外壳或玻璃。

② 读数时观测者视线必须与刻度盘平面垂直。

③ 气压和温度的读数必须精确到小数点第一位。

## ● 评一评

班级：_____ 组别：_____ 姓名：_____

| 项目考核 | | 评价内涵和标准 | 项目权重/% | 学生自评 20% | 学生互评 30% | 教师评价 50% |
|---|---|---|---|---|---|---|
| 考核内容 | 指标分解 | | | | | |
| 知识内容 | 气象参数及其测定意义；气象参数的测定原理及相关计算 | 结合学生自查资料，熟识环境空气中气象参数与污染程度之间的关系，掌握常用的测定原理、操作及计算方法 | 20 | | | |
| 项目完成度 | 常用测定的理解 | 能够掌握相关仪器的操作及使用流程 | 10 | | | |
| | 实践过程 | 实践操作的标准化、规范化程度 | 20 | | | |
| | | 知识应用能力，应变能力，能正确地分析和解决问题的能力 | 10 | | | |
| | 检测结果分析及优化 | 检测结果分析的表达与展示，能准确进行结果评价，准确回答师生提出的疑问 | 20 | | | |
| 表现 | 团队合作 | 能正确、全面获取信息并进行有效的归纳 | 5 | | | |
| | | 能积极参与小组谈论，提出自己的建议和意见 | 5 | | | |
| | | 善于沟通，积极与他人合作完成任务，能正确分析和解决问题 | 5 | | | |
| | | 遵守纪律，安全环保意识与总体表现 | 5 | | | |

综合评分

综合评语

## 项目二　环境空气中颗粒态污染物的测定

### ● 典型工作任务

颗粒态污染物又称气溶胶状态污染物，系指沉降速度可以忽略的固体粒子、液体粒子或固体和液体粒子在气体介质中的悬浮体。粉尘、烟、煤烟、尘粒、轻雾、烟气等都是用来描述气溶胶状态的一些常用名词。大气中颗粒物的测定项目有：总悬浮颗粒物（TSP）的测定、可吸入颗粒物（$PM_{10}$、$PM_{2.5}$）浓度及粒度分布的测定、自然降尘量的测定、颗粒物中化学组分的测定。在本项目中重点介绍的颗粒态污染物监测项目为 $PM_{10}$、$PM_{2.5}$、总悬浮颗粒物以及自然降尘量。

### ● 任务驱动

通过本项目应具备的能力目标、知识目标及素质目标如下表。

| 能力目标 | 知识目标 | 素质目标 |
| --- | --- | --- |
| 1. 能熟练规范操作颗粒物采样器；<br>2. 能规范采集颗粒态污染物样品，并准确填写采样记录；<br>3. 能准确分析样品并对原始数据进行处理；<br>4. 能准确运用质量保证措施 | 1. 掌握颗粒态污染物的测定原理和基本方法；<br>2. 理解采样记录规范填写要求；<br>3. 理解原始分析记录规范填写要求；<br>4. 掌握采样分析过程的质量控制措施 | 1. 养成团队合作精神；<br>2. 树立严格遵守操作规程的职业素质；<br>3. 树立安全、环保、规范意识；<br>4. 学会利用合适的语言进行沟通；<br>5. 学会发现问题、解决问题，学会沟通和应变方法；<br>6. 养成敬业爱岗、严格遵守操作规程的职业道德 |

### ● 国家相关标准

GB/T 15432—1995　环境空气　总悬浮颗粒物的测定　重量法

HJ 618—2011　环境空气 $PM_{10}$ 和 $PM_{2.5}$ 的测定　重量法

HJ/T 374—2007　总悬浮颗粒物采样器技术要求及检测方法

HJ/T 93—2003　$PM_{10}$ 采样器技术要求及检测方法

HJ/T 656—2013　环境空气颗粒物（$PM_{2.5}$）手工监测方法（重量法）技术规范

GB/T 15265—94　环境空气　降尘的测定　重量法

● 知识链接——读一读

## 知识一　环境空气中总悬浮颗粒物（TSP）的测定
（GB/T 15432—1995）

　　总悬浮颗粒物简称 TSP，按我国现行大气环境质量标准规定，一般指空气动力学直径小于 $100\mu m$ 的液体或固体微粒。空气中 TSP 的来源有人为源和自然源。人为源主要是燃煤、燃油、工业生产过程等人为活动排放出来的；自然源主要有土壤、扬尘、沙尘经风力作用输送到空气中形成的。空气中 TSP 的组成十分复杂，而且变化很大。燃煤排放烟尘、工业废气中的粉尘及地面扬尘是空气中总悬浮颗粒的重要来源。

　　总悬浮颗粒物对人体的危害程度主要取决于颗粒物粒度大小及化学组成。越细小的颗粒物对人体危害越大，粒径超过 $10\mu m$ 的颗粒物可被鼻毛吸留，也可通过咳嗽排出人体，也会随气流附着皮肤或进入眼睛，会阻塞皮肤的毛囊和汗腺，引起皮肤炎和眼结膜炎或造成角膜损伤。而粒径小于 $10\mu m$ 的可吸入颗粒物可随人的呼吸沉积肺部，甚至可以进入肺泡、血液。在肺部沉积率最高的是粒径为 $1\mu m$ 左右的颗粒物。这些颗粒物在肺泡上沉积下来，损伤肺泡和黏膜，引起肺组织的慢性纤维化，导致肺心病，加重哮喘病，引起慢性鼻咽炎、慢性支气管炎等一系列病变，严重的可危及生命。颗粒物对儿童和老人的危害尤为明显。

　　环境空气中总悬浮颗粒物的手工监测国家标准方法为重量法。

## 知识二　环境空气中 $PM_{10}$ 和 $PM_{2.5}$ 的测定 （HJ 618—2011）

　　$PM_{10}$ 又称为可吸入颗粒物，指空气动力学直径在 $10\mu m$ 以下的颗粒物。$PM_{2.5}$ 又称细颗粒物，也称为可入肺颗粒物，指空气动力学直径小于等于 $2.5\mu m$ 的颗粒物，直径不到人的头发丝粗细的 1/20。空气中 $PM_{10}$ 和 $PM_{2.5}$ 的来源除了知识一中介绍的人为源和自然源之外，大气中的气态前体污染物会通过大气化学反应生成二次颗粒物，实现由气体到粒子的相态转换。

　　$PM_{10}$ 和 $PM_{2.5}$ 在环境空气中持续的时间很长，对人体健康和大气能见度影响都很大，尤其是细颗粒物。虽然细颗粒物只是地球大气成分中含量很少的组分，但它对空气质量和能见度等有重要的影响。与较粗的大气颗粒物相比，细颗粒物粒径小，富含大量的有毒、有害物质且在大气中的停留时间长、输送距离远，因而对人体健康和大气环境质量的影响更大。细颗粒物因为直径越小，进入呼吸道的部位越深。$10\mu m$ 直径的颗粒物通常沉积在上呼吸道，$2\mu m$ 以下的可深入到细支气管和肺泡。细颗粒物进入人体到肺泡后，直接影响肺的通气功能，使机体容易处在缺氧状态。对颗粒的长期暴露可引发心血管病和呼吸道疾病以及肺癌。此外，细颗粒物极易吸附多环芳烃等有机污染物和重金属，使致癌、致畸、致突变的概率明显升高。与此同时，细颗粒物能影响成云和降雨过程，间接影响着气候变化。大气中雨水的凝结核，除了海水中的盐分，细颗粒物 $PM_{2.5}$ 也是重要的源。有些条件下，$PM_{2.5}$ 太多了，可能"分食"水分，使天空中的云滴都长不大，蓝天白云就变得比以前更少；有些条件下，$PM_{2.5}$ 会增加凝结核的数量，使天空中的雨滴增多，极端时可能发生暴雨。

环境空气中 $PM_{10}$ 和 $PM_{2.5}$ 的手工监测国家标准方法为重量法。

## 知识三　环境空气中降尘的测定（GB/T 15265—94）

降尘又称自然沉降量，一般系指空气动力学直径大于 $100\mu m$ 的较大颗粒物，在空气中，由于重力作用，在较短时间内沉降到地面的尘粒，可增加地面的污染。颗粒物的降落不仅取决于粒径和密度，也受地形、风速、降水（包括雨、雪、雹等）等因素的影响。降尘量为单位面积上单位时间内从大气中沉降的颗粒物的质量，以每月每平方公里面积上所沉降颗粒物的吨数表示 $[t/(km^2 \cdot 30d)]$。

从颗粒物对环境污染及人体健康危害来看，尘粒的粒径在 $100\mu m$ 以上的降尘，由于它因重力引起的沉降作用很快从空气中降落下来，故对人体健康的危害较小。

测定环境空气中降尘的国家标准方法为重量法。

## 知识四　雾霾

雾霾是雾和霾的统称，但是雾和霾的区别很大。雾是由大量悬浮在近地面空气中的微小水滴或冰晶组成的气溶胶系统。多出现于秋冬季节，是近地面层空气中水汽凝结（或凝华）的产物。雾的存在会降低空气透明度，使能见度恶化。如果目标物的水平能见度降低到 1000m 以内，就将悬浮在近地面空气中的水汽凝结（或凝华）物的天气现象称为雾（fog）。霾也称灰霾（烟霞），指空气中的灰尘、硫酸、硝酸、有机碳氢化合物等大量极细微的干尘粒子均匀地浮游在空中，使空气浑浊，视野模糊并导致能见度恶化，如果水平能见度小于 10000m 时，将这种非水成物组成气溶胶系统造成的视程障碍称为霾或灰霾。

雾和霾相同之处都是视程障碍物。但雾与霾的形成原因和条件却有很大的差别。雾是浮游在空中的大量微小水滴或冰晶，形成条件要具备较高的水汽饱和因素。一般相对湿度小于 80% 时的大气浑浊，视野模糊导致的能见度恶化是霾造成的；相对湿度大于 90% 时的大气浑浊，视野模糊导致的能见度恶化是雾造成的；相对湿度介于 80%～90% 之间时的大气浑浊，视野模糊导致的能见度恶化是雾和霾的混合物共同造成的，但其主要成分是霾。当水汽凝结加剧、空气湿度增大时，霾就会转化为雾。

雾霾天气自古有之，刀耕火种和火山喷发等人类活动或自然现象都可能导致雾霾天气。不过在人类进入化石燃料时代后，雾霾天气才真正威胁到人类的生存环境和身体健康。急剧的工业化和城市化导致能源迅猛消耗、人口高度聚集、生态环境破坏，都为雾霾天气的形成埋下伏笔。

雾霾的形成既有"源头"，也有"帮凶"，这就是不利于污染物扩散的气象条件，一旦污染物在长期处于静态的气象条件下积聚，就容易形成雾霾天气。雾霾天气的形成主要是空气中悬浮的大量微粒和气象条件共同作用的结果。①水平方向静风现象增多：城市里大楼越建越高，阻挡和摩擦作用使风流经城区时明显减弱。静风现象增多，不利于大气中悬浮微粒的扩散稀释，容易在城区和近郊区周边积累。②垂直方向上出现逆温：逆温层好比一个锅盖覆盖在城市上空，这种高空的气温比低空气温更高的逆温现象，使得大气层低空的空气垂直运动受到限制，空气中悬浮微粒难以向高空飘散而被阻滞在低空和近地面。③空气中悬浮颗粒物和有机污染物的增加：随着城市人口的增长和工业发展，机动车辆猛增，导致污染物排放和悬浮物大量增加。

● 议一议

(1) 环境空气中总悬浮颗粒物的主要来源有哪些？如何进行测定？
(2) 环境空气中可吸入颗粒物的主要来源有哪些？如何进行测定？
(3) 环境空气中细颗粒物的主要来源有哪些？如何进行测定？
(4) 环境空气中的降尘如何进行测定？
(5) 雾和霾的区别在哪里？
(6) 雾霾天气是如何形成的？

● 技能训练——做一做

### 任务一　环境空气中总悬浮颗粒物含量的测定
（GB/T 15432—1995）——重量法

（一）实验目的

(1) 掌握恒重的概念。
(2) 学会滤膜的恒重方法。
(3) 了解颗粒物采样器的使用方法。

（二）实验原理

采集一定体积的大气样品，通过已恒重的滤膜，悬浮微粒被阻留在滤膜上，根据采样滤膜之增重及采样体积，计算总悬浮微粒的浓度。

本方法适用于大流量或中流量总悬浮颗粒物采样器进行空气中总悬浮颗粒物的测定。方法的检测限为 $0.001\text{mg/m}^3$。总悬浮颗粒物含量过高或雾天采样使滤膜阻力大于 10kPa 时，该方法不适用。

## （三）仪器和试剂

（1）采样设备
① 滤膜采样夹：有效直径 80mm 或 100mm。
② 气体流量计。
③ 抽气动力。
（2）滤膜　49 型超细玻璃纤维滤膜或过氯乙烯滤膜。
（3）分析天平　感量 0.1mg。
（4）镊子及装滤膜纸袋（或盒）。

## （四）实验操作过程

### 1. 滤膜准备

对每张滤膜进行检查，不得有针孔或任何缺陷；然后将滤膜放在恒温恒湿箱中平衡 24h，平衡温度取 15～30℃ 中任一点，记录下平衡温度与湿度，在上述平衡条件下称量滤膜，大流量采样器滤膜称量精确到 1mg，中流量采样器滤膜称量精确到 0.1mg，记录下滤膜质量 $w_0$（g）。称量好的滤膜平展地放在滤膜保存盒中，采样前不得将滤膜弯曲或折叠。

滤膜首次称量后，在相同条件平衡 1h 后需再次称量。当使用大流量采样器时，同一滤膜两次称量质量之差应小于 0.4mg；当使用中流量或小流量采样器时，同一滤膜两次称量质量之差应小于 0.04mg。以两次称量结果的平均值作为滤膜称重值。同一滤膜前后两次称量之差超出以上范围则该滤膜作废。

### 2. 安放滤膜及采样

打开采样头顶盖，取出滤膜夹，用清洁干布擦去采样头内及滤膜夹的灰尘；将已编号并称量过的滤膜毛面向上，放在滤膜支撑网上，放上滤膜夹，对正，拧紧，使不漏气，安好采样头顶盖，按照采样器使用说明，设置采样时间等参数，即可启动采样。

样品采完后，打开采样头，用镊子轻轻取下滤膜，采样面向里，将滤膜对折，放入号码相同的滤膜袋中。取滤膜时，如发现滤膜损坏，或滤膜上尘的边缘轮廓不清晰、滤膜安装歪斜（说明漏气），则本次采样作废，需重新采样。采样原始记录表见表 2-4。

表 2-4　TSP/PM$_{10}$/PM$_{2.5}$现场采样记录

| 月日 | 时间 | 采样温度 $T$/K | 采样气压 $P$/kPa | 采样器编号 | 滤膜编号 | 压差值/cm H$_2$O | | | 流量/(m³/min) $Q_n$ | 备注 |
|---|---|---|---|---|---|---|---|---|---|---|
| | | | | | | 开始 | 结束 | 平均 | | |
| | | | | | | | | | | |

### 3. 尘膜的平衡及称量

尘膜在恒温恒湿箱中，与干净滤膜平衡条件相同的温度、湿度下平衡 24h；在上述平衡条件下称量滤膜，大流量采样器滤膜称量精确到 1mg，中流量采样器滤膜称量精确到 0.1mg，记录下滤膜重量质（g）。分析原始记录表见表 2-5。

**表 2-5　TSP/PM$_{10}$/PM$_{2.5}$分析测试原始记录**

| 样品来源 | | | 送检日期 | | 年　月　日 | | |
|---|---|---|---|---|---|---|---|
| 测试方法 | | | 分析日期 | | 年　月　日 | | |
| 实验室环境 | | | 室温：　　℃　相对湿度：　　% | | | | |
| 天平型号 | | | 滤膜尺寸 | | | | |
| 计算公式 | | | | | | | |
| 样品预处理及使用说明 | | 空白滤膜校正 | | | | | |
| | | 采样前滤膜重 | | | 采样后滤膜重 | | |
| | | | | | | | |
| | | 均值 | | | 均值 | | |
| | | 校正系数 | | | | | |
| 备注 | | | | | | | |
| 质控情况 | 自控 | 个数 | 合格率 | 它控 | 个数 | 合格率 | |
| | 平行样 | | | 平行样 | | | |
| | 样品个数 | | | 质控监督： | | | |

## （五）结果计算

$$TSP(mg/m^3) = \frac{(W - W_0) \times 1000}{V_0}$$

式中　$W$——样品滤膜质量，g；

　　　$W_0$——空白滤膜质量，g；

　　　$V_0$——换算为标准状态下的采样体积，m$^3$。

## （六）注意事项

（1）滤膜上集尘较多或电源电压变化时，采样流量会有波动，应检查并调整。

（2）抽气动力的排气口应放在采样夹的下风方向。必要时将排气口垫高，以免排气将地面上尘土扬起。

（3）称量不带衬纸的过氯乙烯滤膜，应在取放滤膜时，用金属镊子触一下天平盘，以消除静电的影响。

（4）方法的再现性：两台采样器安放在不大于 4m、不小于 2m 的距离内，同时采样测定总悬浮颗粒物含量，相对偏差不大于 15%。

（5）认真准备，谨慎使用滤膜和标准孔口流量计。

（6）注意测定时平衡条件的一致性。

（7）24h 连续采样宜从 8：00 开始至第二天 8：00 结束，连续采样 24h 于一张滤膜上。如果污染比较严重，可采用几张滤膜分段采样，合并计算日平均浓度。

## 任务二 环境空气中 $PM_{10}$ 和 $PM_{2.5}$ 含量的测定
### （HJ 618—2011）——重量法

### （一）实验目的

（1）掌握 $PM_{10}$ 和 $PM_{2.5}$ 含量的测定技术规范要点。

（2）能规范采集环境空气中的 $PM_{10}$ 和 $PM_{2.5}$。

（3）能准确分析测定环境空气中的 $PM_{10}$ 和 $PM_{2.5}$。

### （二）实验原理

飘尘微粒 $PM_{10}$ 和 $PM_{2.5}$ 的测定，目前多采用重量法。采样方法有大流量采样法及低流量采样法，二者所采集的微粒径大多数在 $10\mu m$ 以下。方法的检测限为 $0.010mg/m^3$（以感量 0.1mg 分析天平，样品负载量为 1.0mg，采集 $108m^3$ 空气样品计）。

使一定体积的空气进入切割器，将 $10\mu m$ 以上粒径的微粒分离，小于这一粒径的微粒随着气流流经分离器的出口被阻留在已恒重的滤膜上。根据采样前后滤膜的质量差及采样体积，计算出飘尘浓度，以 $mg/m^3$ 表示。

### （三）实验仪器和试剂

（1）大流量或中流量颗粒物采样器。

（2）滤膜 超细玻璃纤维滤膜或过氯乙烯滤膜。

（3）分析天平 感量 0.1mg，再现性（标准差）<0.2mg。

（4）镊子及装滤膜袋（或盒） 袋（盒）上印有编号、采样日期、采样地点、采样人等栏目。

（5）恒温恒湿箱 箱内空气温度要求在 15～30℃ 范围内连续可调，控制精度±1℃；箱内相对湿度应控制在 50%±5%，恒温恒湿箱可连续操作。

### （四）实验操作过程

**1. 仪器校准和准备**

新购置或维修后的采样器在启用前需进行流量校准；正常使用的采样器每月进行一次校准。将滤膜放在恒温恒湿箱中平衡24h，平衡温度取15～30℃中任一点，记下平衡温度及湿度，称至恒重后记下滤膜质量 $W_u$(g)。

**2. 采样**

采样时，采样器入口距地面高度不得低于1.5m。采样不宜在风速大于8m/s等天气条件下进行。采样点应避开污染源及障碍物。如果测定交通枢纽处 $PM_{10}$ 和 $PM_{2.5}$，采样点应布置在距人行道边缘外侧1m处。采用间断采样方式测定日平均浓度时，其次数不应少于4次，累积采样时间不应少于18h。采样原始记录表见表2-4。

**3. 分析测定**

将采样后的滤膜置于恒温恒湿箱中，用滤膜平衡时相同的温度和湿度平衡24h后，称滤膜质量，记下滤膜质量 $w$(g)，中流量滤膜增量不小于10mg。分析原始记录表见表2-5。

### （五）结果计算

$$\rho(\text{mg/m}^3) = \frac{(w - w_0) \times 1000}{V_0} \tag{2-12}$$

式中　$\rho$——$PM_{10}$ 或 $PM_{2.5}$ 浓度，$\text{mg/m}^3$；

　　$w$——样品滤膜质量，g；

　　$w_0$——空白滤膜质量，g；

　　$V_0$——换算为标准状态下的采样体积，$\text{m}^3$。

计算结果保留3位有效数字，小数点后数字可保留到第3位。

### （六）注意事项

（1）滤膜使用前均需进行检查，不得有针孔或任何缺陷。滤膜称量时要消除静电的影响。

（2）取清洁滤膜若干张，在恒温恒湿箱（室）按平衡条件平衡24h，称重。每张滤膜非连续称量10次以上，求每张滤膜的平均值为该张滤膜的原始质量。以上述滤膜作为"标准滤膜"。每次称滤膜的同时，称量两张"标准滤膜"。若标准滤膜称出的质量在原始质量±5mg（大流量），±0.5mg（中流量和小流量）范围内，则认为该批样品滤膜称量合格，数据可用。否则应检查称量条件是否符合要求并重新称量该批样品滤膜。

（3）采样前后，滤膜称量应使用同一台分析天平。

## 任务三 环境空气中降尘含量的测定（GB/T 15265—1994）——重量法

### （一）实验目的

（1）掌握环境空气中降尘含量的测定技术规范要点。

（2）能规范采集环境空气中的降尘。

（3）能准确分析测定环境空气中的降尘。

### （二）实验原理

空气中可沉降的颗粒物，沉降在装有乙二醇水溶液做收集液的集尘缸内，经蒸发、干燥、称重后，计算降尘量。

### （三）实验仪器和试剂

（1）试剂 硫酸铜、乙二醇。

（2）仪器 集尘缸，内径（15±0.5)cm，高30cm的圆筒形玻璃缸，缸底要平整；100mL瓷坩埚；分析天平，感量0.1mg。

### （四）实验操作过程

1. 采样

设点要求：

① 采样点附近不应有高大的建筑物，也不应受局部污染源的影响。

② 集尘缸放置高度应距地面5～15m以上，5～12m为宜，北方地区以5～8m为宜，采样口距基础面1.5m，以避免屋面扬尘影响。

③ 在清洁区设置的对照点。

2. 采样方法

尽可能采用湿法收尘。在严寒或干燥地区，湿法收尘困难大，可采用干法收尘。

（1）湿法

① 集尘缸口用塑料袋罩好，携至采样点后，取下塑料袋，根据当地的月降雨量和蒸发量，加适量水，例如华北地区，冬春季加1500mL；夏秋季加2000～3000mL，在整个采样期间应保持缸内有水。记录放缸地点、缸号和时间（年、月、日、时）。

② 在夏季，可加入0.05mol/L硫酸铜溶液2.00～8.00mL，以抑制微生物及藻类的生长。在多雨季节要及时更换降尘缸，以防止水满溢出。

③ 在冰冻季节，要根据当地冰冻情况加适当浓度的乙醇或乙二醇溶液。

(2) 干法

① 将集尘缸洗干净，在缸底放入塑料圆环，塑料筛板放在圆环上，以防止已沉降的尘粒被风吹出，缸口用塑料袋罩好。携至采样点后，取下塑料袋进行采样。记录放缸地点、缸号和时间（年、月、日、时）。

② 在夏季可加入 0.05mol/L 硫酸铜溶液 2.00～8.00mL，以抑制微生物及藻类的生长。

按月定期取换集尘缸一次 [(30±2)d]，取缸时应校对地点、缸号、记录取样时间（年、月、日、时），罩好塑料袋，带回实验室。

取缸时间规定为月初的 5 日前进行完毕。

3. 测定

① 瓷坩埚的准备：将瓷坩埚（或瓷蒸发皿）编号，洗净，在（105±5）℃的烘箱中烘 3h，取出放在干燥器内，冷却 50min，在分析天平上称重，再在（105±5）℃烘 50min，冷却 50min，再称重，直至恒重（两次质量之差小于 0.4mg），此值为 $w_a$。

② 用光洁的镊子将落入缸内的树叶、小虫等异物取出，并用水将附着的细小尘粒冲洗下来，如用干法取样，需将筛板和圆环上的尘粒洗入缸内。将缸内的溶液和尘粒全部转移到 1000mL 烧杯中，在电热板上小心蒸发，使体积浓缩至 10～20mL。将烧杯中溶液和尘粒转移到已恒重的瓷坩埚中，用水冲洗黏附在烧杯壁上的尘粒，并入瓷坩埚中，在电热板上小心蒸干，于（105±5）℃烘箱中烘至恒重 $w_1$。

（五）结果计算

按下式计算降尘量：

$$降尘量[t/(km^2 \cdot 30d)] = \frac{w_1 - w_a - w_c}{Sn} \times 30 \times 10^4 \tag{2-13}$$

式中　$w_1$——降尘和瓷坩埚的质量，g；

　　　$w_a$——瓷坩埚的质量，g；

　　　$w_c$——0.05mol/L 硫酸铜溶液 2.00mL（或 8.00mL，即加入体积）经蒸发并烘干后的质量，g；

　　　$S$——集尘缸口面积，$cm^2$；

　　　$n$——采样天数（精确到 0.1d），d。

（六）注意事项

（1）降尘是指可沉降的颗粒物，故应除去树叶、枯枝、鸟粪、昆虫、花絮等干扰物。

（2）每一个样品所使用的烧杯、瓷坩埚等的编号必须一致，并与其相对应的集尘缸的缸号一并及时填入记录表中。

（3）蒸发浓缩实验要在通风柜中进行，样品在瓷坩埚中浓缩时，不要用水洗涤坩埚，否则将在乙二醇与水界面上发生剧烈沸腾使溶液溢出。当浓缩至20mL以内时应降低温度并不断摇动，使降尘黏附在瓷坩埚壁上，避免样品溅出。

● 考核评价——评一评

班级：_____　组别：_____　姓名：_____

| 项目考核 | | 评价内涵和标准 | 项目权重/% | 学生自评 20% | 学生互评 30% | 教师评价 50% |
|---|---|---|---|---|---|---|
| 考核内容 | 指标分解 | | | | | |
| 知识内容 | 环境空气中颗粒态污染物的知识，常用监测分析方法原理 | 结合学生自查资料，熟识环境空气中颗粒态污染物知识，掌握常用的监测分析方法原理、操作及计算方法 | 20 | | | |
| 项目完成度 | 常用监测方法的理解 | 能够掌握相关仪器的操作及使用流程 | 10 | | | |
| | 实践过程 | 实践操作的标准化、规范化程度 | 20 | | | |
| | | 知识应用能力，应变能力，能正确地分析和解决问题的能力 | 10 | | | |
| | 检测结果分析及优化 | 检测结果分析的表达与展示，能准确进行结果评价，准确回答师生提出的疑问 | 20 | | | |
| 表现 | 团队合作 | 能正确、全面获取信息并进行有效的归纳 | 5 | | | |
| | | 能积极参与分析方案的制订，进行小组讨论，提出自己的建议和意见 | 5 | | | |
| | | 善于沟通，积极与他人合作完成任务，能正确分析和解决问题 | 5 | | | |
| | | 遵守纪律，安全环保意识与总体表现 | 5 | | | |
| 综合评分 | | | | | | |
| 综合评语 | | | | | | |

# 项目三 环境空气中气态污染物的测定

## ● 典型工作任务

以分子状态存在于环境空气中的污染物即为气态污染物。环境空气中气态污染物大部分为无机气体，常见的有五类：以 $SO_2$ 为主的含硫化合物，以 NO 和 $NO_2$ 为主的含氮化合物，CO，碳氢化合物以及卤素化合物。在本项目中重点介绍的监测项目为《环境空气质量标准》(GB 3095—2012) 基本项目中的气态污染物：$SO_2$、$NO_2$、CO 和 $O_3$。除此，环境空气还包括室内环境空气，越来越多的科学研究表明，居室与其他建筑物内的室内空气的污染程度更为严重。本项目中重点介绍的室内环境空气中气态污染物的监测项目还包括室内环境空气中对人体健康危害较大的甲醛和苯系物。

## ● 任务驱动

通过本项目应具备的能力目标、知识目标及素质目标如下表。

| 能 力 目 标 | 知 识 目 标 | 素 质 目 标 |
|---|---|---|
| 1. 能根据任务要求进行合理分工；<br>2. 能根据任务要求查找相关的环境标准、规范和环境专业知识；<br>3. 能依据监测方法的要求选择合适的采样方法和采样器，并能熟练操作采样仪器并编制操作规程；<br>4. 能根据现场采集的样品类型选择合适的保存和运输方法；<br>5. 能运用化学分析或仪器分析的方法，对不同污染物样品进行分析并能正确处理实验数据；<br>6. 能熟练使用分析仪器；<br>7. 能针对不同监测因子编制科学合理的采样记录表和分析测试原始记录表，并规范填写；<br>8. 能正确选择评价标准对监测结果进行评价，编制监测报告并能用流畅、简洁、精准的语言表达；<br>9. 能把质量控制体系运用在整个监测过程中 | 1. 掌握监测任务中采样点的布设原则，采样时间、采样频率的设置方法；<br>2. 掌握各监测因子的采样方法，样品的预处理方法及样品的分析方法；<br>3. 掌握监测数据的处理方法；<br>4. 理解各污染因子监测分析的方法原理；<br>5. 掌握采样记录表和分析测试原始记录表的设计和填写要求；<br>6. 了解采样仪器操作规程编制的书写格式及注意事项；<br>7. 掌握监测过程中的质量控制体系 | 1. 养成团结合作、积极进取的协作精神；<br>2. 学会自我学习，树立追求知识、独立思考、勇于创新的科学态度和踏实能干、任劳任怨的工作作风；<br>3. 树立安全环保意识；<br>4. 树立诚信意识、质量意识和规范意识；<br>5. 学会发现问题、解决问题；学会沟通和应变方法；<br>6. 养成敬业爱岗、严格遵守操作规程的职业道德 |

● **国家相关标准**

HJ 482—2009　环境空气　二氧化硫的测定　甲醛吸收-副玫瑰苯胺分光光度法

HJ 483—2009　环境空气　二氧化硫的测定　四氯汞盐吸收-副玫瑰苯胺分光光度法

HJ 479—2009　环境空气　氮氧化物（一氧化氮和二氧化氮）的测定　盐酸萘乙二胺分光光度法

HJ 504—2009　环境空气　臭氧的测定　靛蓝二磺酸钠分光光度法

HJ 590—2010　环境空气　臭氧的测定　紫外光度法

GB 9801—1988　空气质量　一氧化碳的测定　非分散红外法

GB/T 15516—1995　空气质量　甲醛的测定　乙酰丙酮分光光度法

GB 18204.26—2000　公共场所空气中甲醛测定方法

HJ 583—2010　环境空气　苯系物的测定　固体吸附/热脱附-气相色谱法

HJ 584—2010　环境空气　苯系物的测定　活性炭吸附/二硫化碳解吸-气相色谱法

● **知识链接——读一读**

## 知识一　环境空气中二氧化硫的测定（HJ 482—2009、HJ 483—2009）

二氧化硫（$SO_2$）相对分子质量为 64.06，无色气体、有强烈刺激性的气体，对空气的相对密度是 2.26，1L $SO_2$ 气体在标准状况下的质量为 2.93g，在 0℃和 20℃1L 水中，分别能溶解 79.8L 和 39.4L $SO_2$，熔点为 －75.5℃，沸点为 10.02℃。空气中的 $SO_2$ 的污染主要来源于矿物燃料的燃烧。据估计，全世界每年由于人类活动排放到大气中的 $SO_2$ 超过 1.5 亿吨，其中 2/3 来自于煤的燃烧，1/3 来自石油的燃烧。

$SO_2$ 具有强烈的刺激性气味，对呼吸道有刺激作用，能引起呼吸道和心血管疾病。此外 $SO_2$ 与飘尘的协同作用将使其毒性大大增强，使得空气污染加剧。同时，空气中的 $SO_2$ 可以通过均相或非均相氧化生成 $SO_3$。$SO_3$ 一经形成，便迅速与大气中的水蒸气作用生成硫酸，因此大气中 $SO_3$ 的含量十分低微，生成的硫酸是酸雨的成因之一，是严重危害健康的物质，其毒性远大于 $SO_2$。

测定环境空气中二氧化硫的国家标准方法有甲醛吸收-副玫瑰苯胺分光光度法和四氯汞盐吸收-副玫瑰苯胺分光光度法。

## 知识二　环境空气中氮氧化物的测定（HJ 479—2009）

空气中氮氧化物是以 NO、$NO_2$、$N_2O$、$N_2O_3$、$N_2O_5$ 等混合存在的，但主

要成分为 $NO_2$。NO 为无色气体，对空气的相对密度 1.0367，1L NO 气体在标准状况下的质量为 1.3403g，在空气中易氧化为 $NO_2$。$NO_2$ 为暗棕色气体，具有特殊臭味，对空气相对密度为 1.58，1L $NO_2$ 气体在标准状况下的质量为 2.056g，$NO_2$ 在低温时形成 $N_2O_4$，氮氧化物混合物在常温下为黄棕色气体，温度越高颜色越深。$NO_2$、$N_2O_4$ 易与水作用，因此在潮湿空气中除氮氧化物外，尚有 $HNO_3$ 和 $HNO_2$ 存在。空气中的氮氧化物的污染主要来源于矿物燃料的燃烧和机动车尾气排放。

氮氧化物通过呼吸作用进入肺部，与在肺泡表面的水生成 $HNO_3$、$HNO_2$，对肺组织强烈刺激和腐蚀，导致肺水肿；生成的 $NO_2^-$ 进入血液中，与血红蛋白结合成高铁血红蛋白，引起组织缺氧；氮氧化物与空气中的水结合最终会转化成硝酸和硝酸盐，硝酸是酸雨的成因之一；它与其他污染物在一定条件下能产生光化学烟雾污染。

测定环境空气中氮氧化物的国家标准方法为盐酸萘乙二胺分光光度法。

### 知识三　环境空气中臭氧的测定（HJ 504—2009、HJ 590—2010）

臭氧（$O_3$）相对分子质量为 48，密度是 2.14g/L（0℃，0.1MPa），沸点是 −111℃，熔点是 −192℃。臭氧分子结构是不稳定的，在常温下可自行分解为氧气。在常温下，它是一种有特殊臭味的淡蓝色气体。在常温、常压下，较低浓度的臭氧是无色气体，当浓度达到 15% 时，呈现出淡蓝色。臭氧可溶于水，在常温常压下臭氧在水中的溶解度比氧高约 13 倍，比空气高 25 倍。空气中 $O_3$ 的污染主要来源于燃料的燃烧和机动车尾气排放。

臭氧属于有害气体，浓度为 $6.25 \times 10^{-6}$ mol/L（0.3mg/m³）时，对眼、鼻、喉有刺激的感觉；浓度（$6.25 \sim 62.5$）$\times 10^{-5}$ mol/L（3～30mg/m³）时，出现头疼及呼吸器官局部麻痹等症；臭氧浓度为 $3.125 \times 10^{-4} \sim 1.25 \times 10^{-3}$ mol/L（15～60mg/m³）时，则对人体有危害。此外，臭氧是光化学烟雾的主要成分之一，它不是直接被排放的，而是转化而成的，比如汽车排放的氮氧化物，只要在阳光辐射及适合的气象条件下就可以生成臭氧。

测定环境空气中氮氧化物的国家标准方法为靛蓝二磺酸钠分光光度法和紫外光度法。

### 知识四　环境空气中一氧化碳的测定（GB 9801—1988）

一氧化碳（CO）相对分子质量为 28.01，为无色、无臭、无刺激性的气体，密度 1.250g/L，冰点为 −207℃，沸点 −190℃。在水中的溶解度甚低，不易溶于水。空气中 CO 的污染主要来源于化石燃料的不完全燃烧、汽车尾气、工厂排放和人群吸烟等。

一氧化碳属于有毒气体，进入人体之后会和血液中的血红蛋白结合，产生碳氧血红蛋白，进而使血红蛋白不能与氧气结合，从而引起机体组织出现缺氧，导致人体窒息死亡。

测定环境空气中一氧化碳的国家标准方法为非分散红外法。

## 知识五　环境空气中甲醛的测定
（GB/T 15516—1995、GB/T 18204.26—2000）

甲醛（$CH_2O$）相对分子质量为 30.03，一种无色、有强烈刺激性气味的气体，易溶于水、醇和醚。甲醛在常温下是气态，通常以水溶液形式出现。室外环境空气中工业废气、汽车尾气、光化学烟雾等在一定程度上均可排放或产生一定量的甲醛，但是这一部分含量很少，环境空气中的甲醛污染主要来源于室内建筑材料、装修物品及生活用品等化工产品的使用，比如用作室内装饰的胶合板、细木工板、中密度纤维板和刨花板等人造板材中的胶黏剂是以甲醛为主要成分的脲醛树脂，板材中残留的和未参与反应的甲醛会逐渐向周围环境释放，是形成室内空气中甲醛的主体。实测数据说明，在一定的条件下，室内空气中甲醛浓度可聚集到标准允许水平以上，而且释放期比较长，一般为 3～15 年。

甲醛是致癌致畸性物质，对神经系统、免疫系统、肝脏等有危害。长期接触甲醛的人，可以引起鼻腔、口腔、咽喉、皮肤、消化道的癌症。当甲醛浓度达到 0.06～0.07$mg/m^3$ 时，儿童就会发生轻微气喘；当室内空气中甲醛浓度达到 0.1$mg/m^3$ 时，就有异味和不适感；甲醛浓度达到 0.5$mg/m^3$ 时可刺激眼睛，引起流泪；甲醛浓度达到 0.6$mg/m^3$，可引起咽喉不适或疼痛。浓度更高时，可引起恶心呕吐，咳嗽胸闷，气喘甚至肺水肿；甲醛浓度达到 30$mg/m^3$ 时，会立即致人死亡。

测定环境空气中甲醛的国家标准方法为乙酰丙酮分光光度法和酚试剂分光光度法。

## 知识六　环境空气中苯系物的测定（HJ 583—2010、HJ 584—2010）

空气中苯系物是以苯（$C_6H_6$）、甲苯（$C_7H_8$）、二甲苯（$C_8H_{10}$）、苯乙烯（$C_8H_8$）等混合存在的，但主要成分为苯、甲苯和二甲苯。苯系物为无色浅黄色透明油状液体，具有强烈芳香的气体，易挥发为蒸气，易燃有毒。环境空气中的苯系物污染主要来源于室内建筑材料的有机溶剂，如油漆的添加剂和稀释剂、防水材料添加剂和装饰材料、人造板家具、黏合剂的溶液。

苯的健康效应在血液毒性、遗传毒性、致癌性三方面，如再生障碍性贫血、白血病、胎儿先天性缺陷；甲苯有毒，对皮肤与黏膜有刺激性，对神经系统的作用比苯强烈，长期接触可引起膀胱癌；二甲苯毒性比苯与甲苯要小些，但会引起慢性中毒，出现头痛、失眠、记忆力衰退等神经衰弱症。

测定环境空气中苯系物的国家标准方法为活性炭吸附/二硫化碳解吸-气相色谱法和固体吸附/热脱附-气相色谱法。

● 议—议

(1) 环境空气中二氧化硫的主要来源有哪些？如何进行测定？
(2) 环境空气中氮氧化物的主要来源有哪些？如何进行测定？
(3) 环境空气中臭氧的主要来源有哪些？如何进行测定？
(4) 环境空气中一氧化碳的主要来源有哪些？如何进行测定？
(5) 环境空气中甲醛的主要来源有哪些？如何进行测定？
(6) 环境空气中苯系物的主要来源有哪些？如何进行测定？

● 技能训练——做一做

## 任务一　环境空气中二氧化硫含量的测定
（HJ 482—2009，HJ 483—2009）

### 一、甲醛吸收-副玫瑰苯胺分光光度法（HJ 482—2009）

（一）实验目的

(1) 掌握甲醛吸收-副玫瑰苯胺分光光度法测定环境空气中二氧化硫含量的原理和方法；
(2) 熟练掌握滴定操作；
(3) 熟练掌握采样仪器和分光光度计的操作。

（二）实验原理

二氧化硫被甲醛缓冲溶液吸收后，生成稳定的羟基甲磺酸加成化合物，在样品溶液中加入氢氧化钠使加成化合物分解，释放出的二氧化硫与副玫瑰苯胺、甲醛作用，生成紫红色化合物。根据颜色深浅，用分光光度法测定。

当使用 10mL 吸收液，采样体积为 30L 时，测定空气中二氧化硫的检出限为 0.007mg/m³，测定下限为 0.028mg/m³，测定上限为 0.667mg/m³；当使用 50mL 吸收液，采样体积为 288L，试样为 10mL 时，测定空气中二氧化硫的检出限为 0.004mg/m³，测定下限为 0.014mg/m³，测定上限为 0.347mg/m³。

（三）仪器

分光光度计，多孔玻板吸收管（短时间采样选用 10mL 多孔玻板吸收管；

24h 连续采样选用 50mL 多孔玻板吸收管），恒温水浴（0～40℃，控制精度为 ±1℃），具塞比色管（10mL），空气采样器，一般实验室采用仪器。

（四）试剂

（1）蒸馏水　去除氧化剂重蒸馏水。

（2）环己二胺四乙酸二钠溶液（CDTA-2Na）（$c=0.050$mol/L）　称取 1.82g 反式-1,2-环己二胺四乙酸，加入 1.50mol/L 氢氧化钠溶液 6.5mL，溶解后用水稀释至 100mL。

（3）甲醛缓冲吸收贮备液　吸取 36%～38% 甲醛 5.5mL，0.050mol/L CDTA-2Na 溶液 20.0mL，称取 2.04g 邻苯二甲酸氢钾，溶解于少量水，将三种溶液合并，用水稀释至 100mL，贮于冰箱，可保存一年。

（4）甲醛缓冲吸收液　用水将甲醛缓冲吸收贮备液稀释 100 倍。临用时现配。

（5）氨磺酸钠溶液（$c=6.0$g/L）　称取 0.60g 氨磺酸置于 100mL 烧杯中，加入 1.50mol/L 氢氧化钠溶液 4.0mL，用水搅拌至完全溶解后稀释至 100mL，摇匀。此溶液密封可保存 10d。

（6）碘贮备液 [$c(1/2I_2)=0.10$mol/L]　称取 12.7g 碘（$I_2$）于烧杯中，加入 40g 碘化钾和 25mL 水，搅拌至完全溶解后，用水稀释至 1000mL，贮于棕色细口瓶中。

（7）碘溶液 [$c(1/2I_2)=0.050$mol/L]　量取碘贮备液 250mL，用水稀释至 500mL，贮于棕色细口瓶中。

（8）5g/L 淀粉溶液　称取 0.5g 可溶性淀粉，用少量水调成糊状（可加 0.2g 二氯化锌防腐）慢慢倒入 100mL 沸水中，继续煮沸至溶液澄清，冷却后贮于细口瓶中。

（9）碘酸钾基准溶液 [$c(1/6KIO_3)=0.1000$mol/L]　准确称取 3.5667g 碘酸钾（$KIO_3$，优级纯，105～110℃ 干燥 2h），溶解于水，移入 1000mL 容量瓶中，用水稀释至标线，摇匀。

（10）盐酸溶液（$c=1.2$mol/L）　量取 100mL 浓盐酸，用水稀释至 1000mL。

（11）碘化钾（固体）。

（12）硫代硫酸钠贮备液 [$c(Na_2S_2O_3)=0.1$mol/L]　称取 25.0g 硫代硫酸钠（$Na_2S_2O_3 \cdot 5H_2O$），溶解于 1000mL 新煮沸并已冷却的水中，加 0.20g 无水碳酸钠，贮于棕色细口瓶中，放置一周后标定其浓度。若深液呈现浑浊时，应该过滤。

标定方法：吸取 0.1000mol/L $KIO_3$ 溶液 20.00mL，置于 250mL 碘量瓶中，加 70mL 新煮沸并已冷却的水，加 1g 碘化钾，振摇至完全溶解后，加 1.2mol/L 盐酸溶液 10mL，立即盖好瓶塞，摇匀。于暗处放置 5min 后，用 0.10mol/L 硫代硫酸钠贮备溶液滴定至淡黄色，加 0.5％淀粉溶液 2mL，继续滴定至蓝色刚好褪去，记录消耗体积（$V$），按下式计算浓度：

$$c(Na_2S_2O_3) = \frac{0.1000 \times 20.00}{V}$$

式中　$c(Na_2S_2O_3)$——硫代硫酸钠贮备溶液的浓度，mol/L；

　　　　　　$V$——滴定消耗硫代硫酸钠溶液体积，mL。

（13）硫代硫酸钠标准溶液 $[c(Na_2S_2O_3) = 0.05mol/L]$　取标定后的 0.10mol/L 硫代硫酸钠贮备溶液 250.0mL，置于 500mL 容量瓶中，用新煮沸并已冷却的水稀释至标线，摇匀，贮于棕色细口瓶中。

（14）乙二胺四乙酸二钠盐（EDTA-2Na）溶液（$c = 0.5g/L$）　称取 0.25g 乙二胺四乙酸二钠盐溶于 500mL 新煮沸但已冷却的水中。临用时现配。

（15）亚硫酸钠溶液（$c = 1g/L$）　称取 0.2g 亚硫酸钠（$Na_2SO_3$）溶解于 200mL EDTA-2Na 溶液（$c = 0.5g/L$）中，缓慢摇匀使其溶解，放置 2～3h 后标定。此溶液每毫升相当于含 320～400μg 二氧化硫。

标定方法：吸取上述亚硫酸钠溶液 20.00mL，置于 250mL 碘量瓶中，加入新煮沸并已冷却的水 50mL，0.05mol/L 碘溶液 20.00mL 及冰醋酸 1.0mL，盖塞，摇匀。于暗处放置 5min，用 0.05mol/L 硫代硫酸钠标准溶液滴定至淡黄色，加入 0.5％淀粉溶液 2mL，继续滴定至蓝色刚好褪去，记录消耗体积（$V$）。

另取配制亚硫酸钠溶液所用的 0.05％EDTA-2Na 溶液 20mL，同时进行空白滴定，记录消耗量（$V_0$）。

平行滴定所用硫代硫酸钠标准溶液体积之差应不大于 0.04mL，取平均值计算浓度（μg/mL）：

$$c(SO_2) = \frac{(V_0 - V)c(Na_2S_2O_3) \times 32.02}{20.00} \times 1000$$

式中　　　$V_0$——滴定空白溶液所消耗的硫代硫酸钠标准溶液体积，mL；

　　　　　　$V$——滴定亚硫酸钠溶液所消耗的硫代硫酸钠标准溶液体积，mL；

　$c(Na_2S_2O_3)$——硫代硫酸钠标准溶液浓度，mol/L；

　　　32.02——相当于 1 升 1mol/L 硫代硫酸钠标准溶液（$Na_2S_2O_3$）的二氧化硫（$1/2SO_2$）的质量，g。

标定出准确浓度后，立即用甲醛缓冲吸收液稀释成每毫升含 10.00μg 二氧化硫的标准贮备溶液（贮于冰箱，可保存 3 个月）。

使用时，用甲醛缓冲吸收液稀释为每毫升含 1.00μg 二氧化硫的标准使用液。贮于冰箱；可保存一个月。

（16）0.05％盐酸副玫瑰苯胺（简称 PRA）使用液　吸取经提纯的 0.25％ PRA 贮备溶液 20.00mL（或 0.20％PRA 贮备液 25.00mL），移入 100mL 容量

瓶中，加85％浓磷酸30mL、浓盐酸10.0mL，用水稀释至标线，摇匀。放置过夜后使用。此溶液避光密封保存，可使用9个月。

（17）氢氧化钠溶液［$c(NaOH)=1.50mol/L$］ 称取6.0g NaOH，溶于100mL水中。

（18）盐酸-乙醇清洗液 由三份（1＋4）盐酸和一份95％乙醇混合配制而成，用于清洗比色管和比色皿。

（五）实验操作方法

1. 校准曲线的绘制

取14支10mL具塞比色管，分A、B两组，每组7支，分别对应编号。A组按表2-6配制标准系列。

表2-6 二氧化硫标准系列

| 管 号 | 0 | 1 | 2 | 3 | 4 | 5 | 6 |
|---|---|---|---|---|---|---|---|
| 二氧化硫标准使用溶液/mL | 0 | 0.50 | 1.00 | 2.00 | 5.00 | 8.00 | 10.0 |
| 甲醛缓冲吸收液/mL | 10.0 | 9.50 | 9.00 | 8.00 | 5.00 | 2.00 | 0 |
| 二氧化硫含量/($\mu$g/10mL) | 0 | 0.50 | 1.00 | 2.00 | 5.00 | 8.00 | 10.0 |

在A组各管中分别加入6.0g/L氨磺酸钠溶液0.5mL和1.50mol/L氢氧化钠溶液0.50mL，混匀。

在B组各管中分别加入0.05％盐酸副玫瑰苯胺（PRA）使用液1.00mL。

将A组各管的溶液迅速地全部倒入对应编号并盛有盐酸副玫瑰苯胺（PRA）溶液的B管中，立即加塞混匀后放入恒温水浴装置中显色。在波长577nm处，用10mm比色皿，以水为参比测量吸光度。以空白校正后各管的吸光度为纵坐标，以二氧化硫的质量浓度（$\mu$g/10mL）为横坐标，用最小二乘法建立校准曲线的回归方程。

$$y=bx+a$$

式中　$y$——标准溶液吸光度（$A$）与试剂空白溶液吸光度（$A_0$）之差即 $A-A_0$；

$\quad\quad x$——二氧化硫含量，$\mu$g/10mL；

$\quad\quad a$——回归方程式的截距，$a\leqslant0.005$；

$\quad\quad b$——回归方程式的斜率，$b=0.042\pm0.004$。

相关系数$r\geqslant0.999$。

显色温度与室温之差应不超过3℃。根据季节和环境条件按表2-7选择合适的显色温度与显色时间。

表 2-7　显色温度与显色时间

| 显色温度/℃ | 10 | 15 | 20 | 25 | 30 |
| --- | --- | --- | --- | --- | --- |
| 显色时间/min | 40 | 25 | 20 | 15 | 5 |
| 稳定时间/min | 35 | 25 | 20 | 15 | 10 |
| 试剂空白吸光度 $A_0$ | 0.030 | 0.035 | 0.040 | 0.050 | 0.060 |

2. 样品采集与测定

（1）样品采集与保存

① 短时间采样　采用内装 10mL 甲醛缓冲吸收液的多孔玻板吸收管，以 0.5L/min 的流量采气 45～60min。吸收液温度保持在 23～29℃ 范围。

② 24h 连续采样　采用内装 50mL 甲醛缓冲吸收液的多孔玻板吸收管，以 0.2L/min 的流量连续采样 24h。吸收液温度保持在 23～29℃ 范围。

③ 现场空白　将装有甲醛缓冲吸收液的采样管带到采样现场，除了不采气之外，其他环境条件与样品相同。

样品采集、运输和贮存过程中应避免阳光照射。

（2）样品测定

① 样品溶液中如有浑浊物，则应离心分离除去。

② 样品放置 20min，以使臭氧分解。

③ 短时间采集的样品：将吸收管中的样品溶液移入 10mL 比色管中，用少量甲醛缓冲吸收液洗涤吸收管，洗液并入比色管中并稀释至标线。加入 6.0g/L 氨磺酸钠溶液 0.5mL，混匀，放置 10min 以除去氮氧化物的干扰，以下步骤同校准曲线的绘制。

④ 连续 24h 采集的样品：将吸收瓶中样品移入 50mL 容量瓶（或比色管）中，用少量甲醛缓冲吸收液洗涤吸收瓶后再倒入容量瓶（或比色管）中，并用吸收液稀释至标线。吸取适当体积的试样（视浓度高低而决定取 2～10mL）于 10mL 比色管中，再用吸收液稀释至标线，加入 6.0g/L 氨磺酸钠溶液 0.5mL，混匀，放置 10min 以除去氮氧化物的干扰，以下步骤同校准曲线的绘制。

（六）结果计算

空气中二氧化硫的质量浓度，按下式计算：

$$\rho(SO_2)(mg/m^3) = \frac{(A - A_0 - a)}{bV_s} \times \frac{V_t}{V_a} \qquad (2\text{-}14)$$

式中　$A$——样品溶液的吸光度；

　　　$A_0$——试剂空白溶液的吸光度；

　　　$b$——校准曲线的斜率，吸光度·10mL/μg，$b = 0.042 \pm 0.004$；

　　　$a$——校准曲线的截距，$a \leqslant 0.005$；

$V_t$——样品溶液的总体积，mL；

$V_a$——测定时所取试样的体积，mL；

$V_s$——换算成标准状态下（101.325kPa，273K）的采样体积，L。

计算结果准确到小数点后三位。

## （七）干扰及消除

本测定方法的主要干扰物为氮氧化物、臭氧及某些重金属元素。采样后放置一段时间可使臭氧自行分解；加入氨磺酸钠溶液可消除氮氧化物的干扰；吸收液中加入磷酸及环己二胺四乙酸二钠盐可以消除或减少某些金属离子的干扰。当10mL样品溶液中含有10μg二价锰离子时，可使样品的吸光度降低27%。

## （八）说明及注意事项

（1）显色温度、显色时间的选择及操作时间的掌握是本次实验成败的关键。应根据实验室条件、不同季节的室温选择适宜的显色温度及时间。

（2）测定吸光度时，操作应准确、敏捷。不要超过颜色稳定时间，以免测定结果偏低。

（3）显色反应需在酸性溶液中进行，故应将A管中溶液倒入B管中（强酸性的），如果按一般的操作顺序，将PRA液加到碱性的A管溶液中，测定精度很差。

（4）PRA纯度对试剂空白液的吸光度影响很大。

（5）具塞比色管、试管用（1+1）盐酸液洗涤，比色皿用（1+4）盐酸液加1/3体积乙醇的混合液洗涤。用过的比色皿、比色管应及时用酸洗涤，否则红色难于洗净。

（6）当$y=A-A_0$计算时，零点（0,0）应参加回归计算，$n=7$。

（7）采样时吸收液的温度在23~29℃时，吸收效率为100%。10~15℃时，吸收效率偏低5%。高于33℃或低于9℃时，吸收效率偏低10%。

（8）每批样品至少测定2个现场空白。

（9）当空气中二氧化硫浓度高于测定上限时，可以适当减少采样体积或者减少试料的体积。

（10）如果样品溶液的吸光度超过校准曲线的上限，可用试剂空白液稀释，在数分钟内再测定吸光度，但稀释倍数不要大于6。

（11）测定样品时的温度与绘制校准曲线时的温度之差不应超过2℃。

## 二、四氯汞盐吸收-副玫瑰苯胺分光光度法 （HJ 483—2009）

### （一）实验目的

（1）掌握四氯汞盐吸收-副玫瑰苯胺分光光度法测定环境空气中二氧化硫含

量的原理和方法；

（2）熟练掌握滴定操作；

（3）熟练掌握采样仪器和分光光度计的操作。

## （二）实验原理

二氧化硫被四氯汞盐溶液吸收后，生成稳定的二氯亚硫酸盐络合物，再与甲醛及盐酸副玫瑰苯胺作用，生成紫红色化合物，在 575nm 处测量吸光度。

当使用 5mL 吸收液，采样体积为 30L 时，测定空气中二氧化硫的检出限为 0.005mg/m³，测定下限为 0.020mg/m³，测定上限为 0.18mg/m³；当使用 50mL 吸收液，采样体积为 288L，测定空气中二氧化硫的检出限为 0.005mg/m³，测定下限为 0.020mg/m³，测定上限为 0.19mg/m³。

## （三）仪器

分光光度计，多孔玻板吸收管（短时间采样选用 10mL 多孔玻板吸收管；24h 连续采样选用 50mL 多孔玻板吸收管），恒温水浴（0～40℃，控制精度为 ±1℃），具塞比色管（10mL），空气采样器，一般实验室采用仪器。

## （四）试剂

（1）蒸馏水　去除氧化剂重蒸馏水。

（2）四氯汞钾（TCM）吸收液（$c = 0.04$mol/L）　称取 10.9g 二氯化汞、6.0g 氯化钾和 0.070g 乙二胺四乙酸二钠盐（EDTA）溶于水中，稀释至 1L。此溶液在密闭容器中贮存，可稳定 6 个月。如发现有沉淀，不可再用。

（3）甲醛溶液（$\rho \approx 2$g/L）　量取 1mL 36%～38%（$m/m$）甲醛溶液，稀释至 200mL，临用现配。

（4）氨磺酸铵溶液（$\rho = 6.0$g/L）　称取 0.60g 氨磺酸铵溶于 100mL 水中，临用现配。

（5）碘贮备液 $[c(1/2I_2) = 0.10$mol/L$]$　称取 12.7g 碘（$I_2$）于烧杯中，加入 40g 碘化钾和 25mL 水，搅拌至完全溶解后，用水稀释至 1000mL，贮于棕色细口瓶中。

（6）碘溶液 $[c(1/2I_2) = 0.050$mol/L$]$　量取碘贮备液 250mL，用水稀释至 500mL，贮于棕色细口瓶中。

（7）5g/L 淀粉溶液　称取 0.5g 可溶性淀粉，用少量水调成糊状（可加 0.2g 二氯化锌防腐）慢慢倒入 100mL 沸水中，继续煮沸至溶液澄清，冷却后贮于细口瓶中。

（8）碘酸钾基准溶液 $[c(1/6KIO_3) = 0.1000$mol/L$]$　准确称取 3.5667g 碘

酸钾（$KIO_3$，优级纯，105～110℃干燥2h），溶解于水，移入1000mL容量瓶中，用水稀释至标线，摇匀。

（9）盐酸溶液（$c=1.2mol/L$）　量取100mL浓盐酸，用水稀释至1000mL。

（10）碘化钾（固体）。

（11）硫代硫酸酸钠贮备液［$c(Na_2S_2O_3)=0.1mol/L$］　称取25.0g硫代硫酸钠（$Na_2S_2O_3 \cdot 5H_2O$），溶解于1000mL新煮沸并已冷却的水中，加0.20g无水碳酸钠，贮于棕色细口瓶中，放置一周后标定其浓度。若溶液呈现浑浊时，应该过滤。

标定方法：吸取0.1000mol/L $KIO_3$溶液20.00mL，置于250mL碘量瓶中，加70mL新煮沸并已冷却的水，加1g碘化钾，振摇至完全溶解后，加1.2mol/L盐酸溶液10mL，立即盖好瓶塞，摇匀。于暗处放置5min后，用0.10mol/L硫代硫酸钠贮备溶液滴定至淡黄色，加0.5%淀粉溶液2mL，继续滴定至蓝色刚好褪去，记录消耗体积（$V$），按下式计算浓度：

$$c(Na_2S_2O_3)=\frac{0.1000 \times 20.00}{V}$$

式中　$c(Na_2S_2O_3)$——硫代硫酸钠贮备溶液的浓度，mol/L；

$V$——滴定消耗硫代硫酸钠溶液体积，mL。

（12）硫代硫酸钠标准溶液［$c(Na_2S_2O_3)=0.05mol/L$］　取标定后的0.10mol/L硫代硫酸钠贮备溶液250.0mL，置于500mL容量瓶中，用新煮沸并已冷却的水稀释至标线，摇匀，贮于棕色细口瓶中。

（13）乙二胺四乙酸二钠盐（EDTA-2Na）溶液（$\rho=0.5g/L$）　称取0.25g乙二胺四乙酸二钠盐溶于500mL新煮沸但已冷却的水中。临用时现配。

（14）亚硫酸钠溶液（$\rho=1g/L$）　称取0.2g亚硫酸钠（$Na_2SO_3$）溶解于200mL EDTA-2Na溶液（$\rho=0.5g/L$）中，缓慢摇匀使其溶解，放置2～3h后标定。此溶液每毫升相当于含320～400μg二氧化硫。

标定方法：吸取上述亚硫酸钠溶液20.00mL，置于250mL碘量瓶中，加入新煮沸并已冷却的水50mL，0.05mol/L碘溶液20.00mL及冰醋酸1.0mL，盖塞，摇匀。于暗处放置5min，用0.05mol/L硫代硫酸钠标准溶液滴定至淡黄色，加入0.5%淀粉溶液2mL，继续滴定至蓝色刚好褪去，记录消耗体积（$V$）。

另取配制亚硫酸钠溶液所用的0.05% EDTA-2Na溶液20mL，同时进行空白滴定，记录消耗量（$V_0$）。

平行滴定所用硫代硫酸钠标准溶液体积之差应不大于0.04mL，取平均值计算浓度（μg/mL）：

$$\rho(SO_2)=\frac{(V_0-V)c(Na_2S_2O_3) \times 32.02}{20.00} \times 1000$$

式中    $V_0$——滴定空白溶液所消耗的硫代硫酸钠标准溶液体积，mL；

     $V$——滴定亚硫酸钠溶液所消耗的硫代硫酸钠标准溶液体积，mL；

   $c(Na_2S_2O_3)$——硫代硫酸钠标准溶液浓度，mol/L；

    32.02——相当于 1L 1mol/L 硫代硫酸钠标准溶液（$Na_2S_2O_3$）的二氧化硫（$1/2SO_2$）的质量，g。

（15）二氧化硫标准溶液（$\rho = 2.0\mu g/mL$） 用四氯汞钾吸收液将二氧化硫标准贮备溶液稀释成每毫升含 2.0μg 二氧化硫的标准溶液。此溶液用于绘制标准曲线，在 4~5℃下冷藏，可稳定 20d。

（16）盐酸副玫瑰苯胺（简称 PRA）贮备液（$\rho = 2mg/mL$） 其纯度应达到副玫瑰苯胺提纯及检验方法的质量要求。

（17）磷酸溶液（$c = 3mol/L$） 量取 41mL 85% 浓磷酸（$\rho = 1.69g/mL$），用水稀释至 200mL。

（18）盐酸副玫瑰苯胺（简称 PRA）使用液（$\rho = 0.16mg/mL$） 吸取 PRA 贮备液 20.00mL 于 250mL 容量瓶中，加入 200mL 磷酸溶液，用水稀释至标线，至少放置 24h 方可使用，存于暗处，可稳定 9 个月。

（五）实验操作方法

1. 校准曲线的绘制

取 8 支具塞比色管，按表 2-8 配制标准系列。

**表 2-8 二氧化硫标准系列**

| 管 号 | 0 | 1 | 2 | 3 | 4 | 5 | 6 | 7 |
|---|---|---|---|---|---|---|---|---|
| 二氧化硫标准使用溶液/mL | 0 | 0.60 | 1.00 | 1.40 | 1.60 | 1.80 | 2.20 | 2.70 |
| 四氯汞钾吸收液/mL | 5.00 | 4.40 | 4.00 | 3.60 | 3.40 | 3.20 | 2.80 | 2.30 |
| 二氧化硫含量/μg | 0 | 1.20 | 2.00 | 2.80 | 3.20 | 3.60 | 4.40 | 5.40 |

各管中加入 6.0g/L 氨磺酸钠溶液 0.5mL，摇匀，再加入 2g/L 甲醛溶液 0.5mL 及 0.16mg/mL 副玫瑰苯胺溶液 1.50mL，摇匀。当室温为 15~20℃，显色 30min；室温为 20~25℃，显色 20min；室温为 25~30℃，显色 15min。在波长 577nm 处，用 10mm 比色皿，以水为参比测量吸光度。以空白校正后各管的吸光度为纵坐标，以二氧化硫的质量（μg）为横坐标，用最小二乘法建立校准曲线的回归方程。

$$y = bx + a$$

式中  $y$——标准溶液吸光度（$A$）与试剂空白溶液吸光度（$A_0$）之差，即 $y = A - A_0$；

$x$——二氧化硫含量，$\mu g$；

$a$——回归方程式的截距，$a \leqslant 0.005$；

$b$——回归方程式的斜率，$b = 0.073 \sim 0.082$。

相关系数 $r \geqslant 0.999$。

2. 样品采集与测定

(1) 样品采集与保存

① 短时间采样 采用内装 5.0mL 四氯汞钾吸收液的多孔玻板吸收管，以 0.5L/min 的流量采气 45~60min。吸收液温度保持在 10~16℃ 范围。

② 24h 连续采样 采用内装 50mL 四氯汞钾吸收液的多孔玻板吸收管，以 0.2L/min 的流量连续采样 24h。吸收液温度保持在 10~16℃ 范围。

③ 现场空白 将装有四氯汞钾吸收液的采样管带到采样现场，除了不采气之外，其他环境条件与样品相同。

样品采集、运输和贮存过程中应避免阳光照射。

(2) 样品测定

① 样品溶液中如有浑浊物，则应离心分离除去。

② 样品放置 20min，以使臭氧分解。

③ 短时间采集的样品：将吸收管中的样品溶液移入比色管中，用少量水洗涤吸收管，洗液并入比色管中并稀释至标线。加入 6.0g/L 氨磺酸钠溶液 0.5mL，混匀，放置 10min 以除去氮氧化物的干扰，以下步骤同标准曲线的绘制。

④ 连续 24h 采集的样品：将吸收瓶中样品移入 50mL 容量瓶（或比色管）中，用少量水洗涤吸收瓶后再倒入容量瓶（或比色管）中，并用吸收液稀释至标线。吸取适当体积的试样（视浓度高低而决定取 1~5mL）于比色管中，再用吸收液稀释至标线，加入 6.0g/L 氨磺酸钠溶液 0.5mL，混匀，放置 10min 以除去氮氧化物的干扰，以下步骤同标准曲线的绘制。

## (六) 结果计算

空气中二氧化硫的质量浓度（$mg/m^3$），按下式计算：

$$\rho(SO_2) = \frac{A - A_0 - a}{b V_s} \times \frac{V_t}{V_a}$$

式中 $A$——样品溶液的吸光度；

$A_0$——试剂空白溶液的吸光度；

$b$——标准曲线的斜率，吸光度·$5.0mL/\mu g$，$b = 0.042 \pm 0.004$；

$a$——标准曲线的截距，$a \leqslant 0.005$；

$V_t$——样品溶液的总体积，mL；

$V_a$——测定时所取试样的体积，mL；

$V_s$——换算成标准状态下（101.325kPa，273K）的采样体积，L。

计算结果准确到小数点后三位。

## （七）干扰及消除

本测定方法的主要干扰物为氮氧化物、臭氧及某些重金属元素。采样后放置一段时间可使臭氧自行分解；加入氨磺酸铵溶液可消除氮氧化物的干扰；吸收液中加入磷酸及环己二胺四乙酸二钠盐可以消除或减少某些金属离子的干扰。

## （八）说明及注意事项

（1）显色温度低，显色慢，稳定时间长；显色温度高，显色快，稳定时间短。操作人员必须了解显色温度、显色时间和稳定时间的关系，严格控制反应条件。

（2）测定样品时的温度与绘制标准曲线时的温度之差不应超过2℃。

（3）PRA纯度对试剂空白液的吸光度影响很大。

（4）每批样品至少测定2个现场空白。如果样品不能当天分析，需在4～5℃下保存，但存放时间不得超过7d。

（5）当空气中二氧化硫浓度高于测定上限时，可以适当减少采样体积或者减少试料的体积。

（6）如果样品溶液的吸光度超过标准曲线的上限，可用试剂空白液稀释，在数分钟内再测定吸光度，但稀释倍数不要大于6。

（7）六价铬能使紫红色配合物褪色，产生负干扰，故应避免用硫酸-铬酸洗液洗涤玻璃器皿。若已用硫酸-铬酸洗液洗涤过，则需用盐酸溶液（1+1）浸泡，再用水充分洗涤。

（8）四氯汞钾溶液属于剧毒试剂，操作时应按规定要求佩带防护器具，避免接触皮肤和衣服；标准溶液的配制应在通风柜内进行操作；检测后的残渣残液应做妥善的安全处理。

（9）对于检测后的四氯汞钾废液必须进行处理，每升约加10g碳酸钠至中性，再加10g锌粒。在黑布罩下搅拌24h后，将上清液倒入玻璃缸，滴加饱和硫化钠溶液，至不再产生沉淀为止。弃去溶液，将沉淀物转入适当容器里，此法可除去废液中99%的汞。

## 任务二　环境空气中氮氧化物的测定（HJ 479—2009）——盐酸萘乙二胺分光光度法

## （一）实验目的

（1）掌握盐酸萘乙二胺分光光度法测定环境空气中氮氧化物含量的原理和

方法；

(2) 熟练掌握采样仪器和分光光度计的操作。

## (二) 实验原理

空气中的二氧化氮被串联的第一支吸收瓶中的吸收液吸收并反应生成粉红色偶氮染料。空气中的一氧化氮不与吸收液反应，通过氧化管时被酸性高锰酸钾溶液氧化为二氧化氮，被串联的第二支吸收瓶中的吸收液吸收并反应生成粉红色偶氮染料。生成的偶氮染料在波长 540nm 处的吸光度与二氧化氮的含量成正比。分别测定第一支和第二支吸收瓶中样品的吸光度，计算两支吸收瓶内二氧化氮和一氧化氮的质量浓度，二者之和即为氮氧化物的质量浓度（以二氧化氮计）。

本方法的检出限为 $0.36\mu g/10mL$ 吸收液。当吸收液总体积为 10mL，采样体积为 24L 时，空气中氮氧化物的检出限为 $0.015mg/m^3$。当吸收液总体积为 50mL，采样体积 288L 时，空气中氮氧化物的检出限为 $0.006mg/m^3$。本方法测定环境空气中氮氧化物的测定范围为 $0.024\sim2.0mg/m^3$。

## (三) 仪器

分光光度计，多孔玻板吸收管（可装 10mL，25mL 或 50mL 吸收液），氧化瓶（可装 5mL，10mL 或 50mL 酸性高锰酸钾溶液的洗气瓶），具塞比色管（10mL），空气采样器，一般实验室采用仪器。

## (四) 试剂

(1) 冰乙酸。

(2) 盐酸羟胺溶液（$\rho=0.2\sim0.5g/L$）。

(3) 硫酸溶液（$c=1mol/L$） 取 15mL 浓硫酸（$c=1.84g/mL$），徐徐加入 500mL 水中，搅拌均匀，冷却备用。

(4) 酸性高锰酸钾溶液（$\rho=25g/L$） 称取 25g 高锰酸钾于 1000mL 烧杯中，加入 500mL 水，稍微加热使其全部溶解，然后加入 1mol/L 硫酸溶液 500mL，搅拌均匀，贮于棕色试剂瓶。

(5) N-(1-萘基) 乙二胺盐酸盐贮备液（$\rho=1.00g/L$） 称取 0.50g N-(1-萘基) 乙二胺盐酸盐于 500mL 容量瓶中，用水溶解稀释至刻度。此溶液贮于密闭的棕色瓶中。在冰箱中冷藏可稳定保存 3 个月。

(6) 显色液 称取 5.0g 对氨基苯磺酸（$NH_2C_6H_4SO_3H$）溶解于约 200mL 40~50℃热水中，将溶液冷却至室温，全部移入 1000mL 容量瓶，加入 50mL N-(1-萘基) 乙二胺盐酸盐贮备溶液（$\rho=1.00g/L$）和 50mL 冰乙酸，用水稀释至刻度。此溶液贮于密闭的棕色瓶中，在 25℃ 以下暗处存放可稳定 3 个月。若溶液呈现淡红色，应弃之重配。

（7）吸收液　使用时将显色液和水按 4∶1（体积比）比例混合，即为吸收液。吸收液的吸光度应小于等于 0.005。

（8）亚硝酸盐标准贮备液（$\rho=250\mu g/mL$）　准确称取 0.3750g 亚硝酸钠（$NaNO_2$，优级纯，使用前在 105℃±5℃干燥恒重）溶于水，移入 1000mL 容量瓶中，用水稀释至标线。此溶液贮于密闭棕色瓶中于暗处存放，可稳定保存 3 个月。

（9）亚硝酸盐标准工作液（$\rho=2.5\mu g/mL$）　准确吸取 250μg/mL 亚硝酸盐标准储备液 1.00mL 于 100mL 容量瓶中，用水稀释至标线。临用现配。

（五）实验操作方法

1. 校准曲线的绘制

取 6 支 10mL 具塞比色管进行编号。按表 2-9 配制标准系列。

表 2-9　$NO_2^-$ 标准溶液系列

| 管　　号 | 0 | 1 | 2 | 3 | 4 | 5 |
|---|---|---|---|---|---|---|
| 亚硝酸盐标准工作液/mL | 0 | 0.40 | 0.80 | 1.20 | 1.60 | 2.00 |
| 水/mL | 2.00 | 1.60 | 1.20 | 0.80 | 0.40 | 0.00 |
| 显色液/mL | 8.00 | 8.00 | 8.00 | 8.00 | 8.00 | 8.00 |
| $NO_2^-$ 含量/μg | 0 | 1.00 | 2.00 | 3.00 | 4.00 | 5.00 |

各管混匀，于暗处放置 20min（室温低于 20℃时放置 40min 以上），用 10mm 比色皿，在波长 540nm 处，以水为参比测量吸光度，扣除 0 号管的吸光度以后，对应 $NO_2^-$ 的含量（μg），用最小二乘法计算标准曲线的回归方程。

$$y=bx+a$$

式中　$y$——标准溶液吸光度（$A$）与试剂空白溶液吸光度（$A_0$）之差，即 $y=A-A_0$；

　　　$x$——$NO_2^-$ 的含量，μg；

　　　$a$——回归方程式的截距，$a$ 为 0.000～0.005；

　　　$b$——回归方程式的斜率，$b$ 为 0.960～0.978。

相关系数 $r \geqslant 0.999$。

2. 样品采集与测定

（1）样品采集与保存

① 短时间采样　取两支内装 10.0mL 吸收液的多孔玻板吸收管和一支内装

5～10mL 酸性高锰酸钾溶液（25g/L）的氧化瓶（液柱高度不低于 80mm），用尽量短的硅橡胶管将氧化瓶串联在两支吸收管之间（连接方式见图 2-7），以 0.4L/min 流量采气 4～24L。

②24h 连续采样　取两支大型多孔玻板吸收管，装入 25.0mL 或 50.0mL 吸收液，标记液面位置。取一支内装 50mL 酸性高锰酸钾溶液（25g/L）的氧化瓶（液柱高度不低于 80mm），按图 2-7 所示接入采样系统，将吸收液恒温在 20℃±4℃，以 0.2L/min 流量采气 288L。

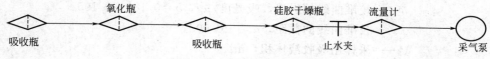

图 2-7　手工采样连接示意图

③现场空白　将装有吸收液的采样管带到采样现场，除了不采气之外，其他环境条件与样品相同。

样品采集、运输和贮存过程中应避免阳光照射。采样期间，气温超过 25℃时，长时间（8h 以上）运输和存放样品应采取降温措施。采样结束时，为防止溶液倒吸，应在采样泵停止抽气的同时，闭合连接在采样系统中的止水夹。样品采集后应尽快分析，若不能及时测定，将样品于低温暗处存放，样品在 30℃暗处存放，可稳定 8h；在 20℃暗处存放，可稳定 24h；于 0～4℃冷藏，至少可稳定 3 天。

（2）样品测定　采样后放置 20min，室温 20℃以下时放置 40min 以上，用水将采样瓶中吸收液的体积补充至标线，混匀。用 10mm 比色皿，在波长 540nm 处，以水为参比测量吸光度，同时测定空白样品中的吸光度。若样品的吸光度超过标准曲线上限，应用实验室空白试液稀释，再测定其吸光度，但稀释倍数不得大于 6。

## （六）结果计算

空气中二氧化氮的质量浓度（mg/m³），按下式计算：

$$\rho(NO_2) = \frac{(A_1 - A_0 - a)VD}{bf V_0}$$

空气中一氧化氮的质量浓度（mg/m³）以二氧化氮质量浓度计，按下式计算：

$$\rho(NO) = \frac{(A_2 - A_0 - a)VD}{bf V_0 K}$$

空气中一氧化氮的质量浓度（mg/m³）以一氧化氮质量浓度计，按下式计算：

**99**

$$\rho'(NO) = 30\frac{\rho(NO)}{46}$$

空气中氮氧化物的质量浓度（mg/m³）以二氧化氮质量浓度计，按下式计算：

$$\rho(NO_x) = \rho(NO) + \rho(NO_2)$$

式中  $A_1$，$A_2$——串联的第一支和第二支吸收管中样品的吸光度；

$A_0$——实验室空白溶液的吸光度；

$b$——校准曲线的斜率，吸光度/$\mu$g，$b = 0.180 \sim 0.195$；

$a$——校准曲线的截距，$a \leqslant \pm 0.003$；

$V$——采样用吸收液体积，mL；

$V_0$——换算为标准状态（101.325kPa，273K）下的采样体积，L；

$K$——NO→$NO_2$氧化系数，0.68；

$D$——样品的稀释倍数；

$f$——Saltzman 实验系数，0.88（当空气中二氧化氮浓度高于0.72mg/m³时，$f$ 取值 0.77）。

计算结果准确到小数点后三位。

## （七）干扰及消除

空气中二氧化硫浓度为氮氧化物浓度 30 倍时，对二氧化氮的测定产生负干扰；空气中过氧乙酰硝酸酯（PAN）对二氧化氮的测定产生正干扰；空气中臭氧浓度超过 0.25mg/m³ 时，对二氧化氮的测定产生负干扰。采样时在采样瓶入口端串接一段 5～20cm 长的硅橡胶管，可排除干扰。

## （八）说明及注意事项

（1）氧化管中有明显的沉淀物析出时，应及时更换。

（2）吸收液应避光，不能长时间暴露在空气中，以防止光照使吸收液显色或吸收空气中的氮氧化物而使试剂空白值增高。

（3）亚硝酸钠（固体）应妥善保存。部分氧化成硝酸钠或呈粉末状的试剂都不能用直接法配制标准溶液。

（4）若实验时，斜率达不到要求，应检查亚硝酸钠试剂的质量，重新配制标准溶液；如果截距达不到要求，应检查蒸馏水及试剂质量，重新配制吸收液。

（5）当 $y = A - A_0$ 计算时，零点（0,0）应参加回归计算，$n = 7$。

（6）每批样品至少测定 2 个现场空白。

## 任务三　环境空气中臭氧的测定（HJ 504—2009）
## ——靛蓝二磺酸钠分光光度法

### （一）实验目的

（1）掌握靛蓝二磺酸钠分光光度法测定环境空气中臭氧含量的原理和方法；

（2）熟练掌握滴定操作；

（3）熟练掌握采样仪器和分光光度计的操作。

### （二）实验原理

空气中的臭氧在磷酸盐缓冲剂存在下，与吸收液中蓝色的靛蓝二磺酸钠等物质的量反应，褪色生成靛红二磺酸钠，在610nm处测量吸光度。

当采样体积为30L时，本标准测定空气中臭氧的检出限为0.010mg/m³，测定下限为0.040mg/m³。当采样体积为30L时，吸收液浓度为2.5$\mu$g/L或5.0$\mu$g/L时，测定上限分别为0.50mg/m³或1.00mg/m³。当空气中臭氧浓度超过该上限浓度时，可适当减少采样体积。

### （三）仪器

分光光度计，多孔玻板吸收管（内装10mL吸收液），具塞比色管（10mL），空气采样器（流量范围0～1.0L/min），生化培养箱或恒温水浴（温控精度为±1℃），水银温度计（精度为±0.5℃），一般实验室采用仪器。

### （四）试剂

（1）溴酸钾标准贮备溶液 $[c(1/6KBrO_3) = 0.1000mol/L]$　准确称取1.3918g溴酸钾（优级纯，180℃烘2h），置烧杯中，加入少量水溶解，移入500mL容量瓶中，用水稀释至标线。

（2）溴酸钾-溴化钾标准溶液 $[c(1/6KBrO_3) = 0.0100mol/L]$　吸取10.00mL溴酸钾标准贮备溶液（0.1000mol/L）于100mL容量瓶中，加入1.0g溴化钾（KBr），用水稀释至标线。

（3）硫代硫酸钠标准贮备溶液 $[c(Na_2S_2O_3) = 0.1000mol/L]$。

（4）硫代硫酸钠标准工作溶液 $[c(Na_2S_2O_3) = 0.00500mol/L]$　临用前，取硫代硫酸钠标准贮备溶液（0.1000mol/L）用新煮沸并已冷却到室温的水准确稀释20倍。

（5）硫酸溶液（1+6）。

（6）淀粉指示剂溶液（$\rho = 2.0g/L$）　称取0.20g可溶性淀粉，用少量水调

**101**

成糊状，慢慢倒入 100mL 沸水，煮沸至溶液澄清。

（7）磷酸盐缓冲溶液 [$c(KH_2PO_4-Na_2HPO_4)=0.050mol/L$] 称取 6.8g 磷酸二氢钾（$KH_2PO_4$）、7.1g 无水磷酸氢二钠（$Na_2HPO_4$），溶于水，稀释至 100mL。

（8）靛蓝二磺酸钠（$C_{16}H_8O_8Na_2S_2$） 简称 IDS，分析纯、化学纯或生化试剂。

（9）IDS 标准贮备溶液 称取 0.25g 靛蓝二磺酸钠溶于水，移入 500mL 棕色容量瓶内，用水稀释至标线，摇匀，在室温暗处存放 24h 后标定。此溶液在 20℃以下暗处存放可稳定两周。

标定方法：准确吸取 20.00mL IDS 标准贮备溶液于 250mL 碘量瓶中，加入 20.00mL 溴酸钾-溴化钾溶液（$c=0.0100mol/L$），再加入 50mL 水，盖好瓶塞，在 16℃±1℃生化培养箱（或水浴）中放置至溶液温度与水浴温度平衡时，加入 5.0mL 硫酸溶液（1+6），立即盖塞，混匀并开始计时，于 16℃±1℃暗处放置 35min±1.0min 后，加入 1.0g 碘化钾，立即盖塞，轻轻摇匀至溶解，暗处放置 5min，用硫代硫酸钠溶液（$c=0.00500mol/L$）滴定至棕色刚好褪去呈淡黄色，加入 5mL 淀粉指示剂（$\rho=2.0g/L$），继续滴定至蓝色消褪，终点为亮黄色。记录所消耗的硫代硫酸钠标准溶液（$c=0.00500mol/L$）的体积。平行滴定所消耗的硫代硫酸钠标准溶液体积不应大于 0.10mL。

每毫升靛蓝二磺酸钠溶液相当于臭氧的质量浓度（μg/mL）的计算公式：

$$\rho=\frac{c_1V_1-c_2V_2}{V}\times12.00\times10^3 \qquad (2-15)$$

式中 $\rho$——每毫升靛蓝二磺酸钠溶液相当于臭氧的质量浓度，μg/mL；

$c_1$——溴酸钾-溴化钾标准溶液的浓度，mol/L；

$V_1$——加入溴酸钾-溴化钾标准溶液的体积，mL；

$c_2$——滴定时所用硫代硫酸钠标准溶液的浓度，mol/L；

$V_2$——滴定时所用硫代硫酸钠标准溶液的体积，mL；

$V$——IDS 标准贮备溶液的体积，mL；

12.00——臭氧的摩尔质量（$1/4O_3$），g/mol。

（10）IDS 标准工作溶液 将标定后的 IDS 标准贮备液用磷酸盐缓冲溶液逐级稀释成每毫升相当于 1.00μg 臭氧的 IDS 标准工作溶液，此溶液于 20℃以下暗处存放可稳定一周。

（11）IDS 吸收液 取适量 IDS 标准贮备液，根据空气中臭氧浓度的高低，用磷酸盐缓冲液稀释成每毫升相当于 2.5μg（或 5.0μg）臭氧的 IDS 吸收液，此溶液于 20℃以下暗处可保存一个月。

**102**

（五）实验操作方法

1. 校准曲线的绘制

取 6 支 10mL 具塞比色管，按表 2-10 制备 IDS 标准溶液系列。

表 2-10　IDS 标准溶液系列

| 管　　　号 | 1 | 2 | 3 | 4 | 5 | 6 |
|---|---|---|---|---|---|---|
| IDS 标准溶液/mL | 10.00 | 8.00 | 6.00 | 4.00 | 2.00 | 0.00 |
| 磷酸盐缓冲溶液/mL | 0.00 | 2.00 | 4.00 | 6.00 | 8.00 | 10.0 |
| 臭氧浓度/($\mu$g/mL) | 0.00 | 0.20 | 0.40 | 0.60 | 0.80 | 1.00 |

各管摇匀，用 20mm 比色皿，以水作参比，在波长 610nm 下测量吸光度，以校准系列中零浓度管的吸光度（$A_0$）与各标准色列管的吸光度（$A$）之差为纵坐标，臭氧浓度为横坐标，用最小二乘法计算标准曲线的回归方程。

$$y = bx + a$$

式中　$y$——空白样品的吸光度与各标准色列管的吸光度之差，即 $y = A_0 - A$；

　　　$x$——臭氧浓度，$\mu$g/mL；

　　　$a$——回归方程式的截距；

　　　$b$——回归方程式的斜率，吸光度·mL/($\mu$g·2.0cm)；

相关系数 $r \geqslant 0.999$。

2. 样品采集与测定

（1）样品采集与保存

① 用内装（10.00±0.02)mL IDS 吸收液的多孔玻板吸收管，罩上黑色避光套，以 0.5L/min 流量采气 5~30L，当吸收液褪色约 60％时（与现场空白样品比较），应立即停止采样。

② 现场空白　用同一批配制的 IDS 吸收液，装入多孔玻板吸收管中，带到采样现场。除了不采集空气样品外，其他环境条件保持与采集空气的采样管相同。

样品在运输和存放过程中应严格避光。当确信空气中臭氧的浓度较低，不会穿透时，可以用棕色玻板吸收管采样。

样品于室温暗处存放至少可稳定 3 天。

（2）样品测定　采样后，在吸收管的入气口端串接一个玻璃尖嘴，在吸收管的出气口端用吸耳球加压将吸收管中的样品溶液移入 25mL（或 50mL）容量瓶中，用水多次洗涤吸收管，使总体积为 25.0mL（或 50.0mL）。用 20mm 比色皿，

103

以水作参比,在波长 610nm 下测量吸光度。

## (六) 结果计算

空气中臭氧的质量浓度,按下式计算:

$$\rho(O_3)(mg/m^3) = \frac{(A_0 - A - a)V}{bV_0}$$

式中　$\rho$——空气中臭氧的浓度,mg/m³;

$A_0$——现场空白样品吸光度的平均值;

$A$——样品的吸光度;

$b$——校准曲线的斜率;

$a$——校准曲线的截距;

$V$——样品溶液的总体积,mL;

$V_0$——换算为标准状态(101.325kPa,273K)下的采样体积,L。

计算结果准确到小数点后三位。

## (七) 干扰

空气中的二氧化氮可使臭氧的测定结果偏高,约为二氧化氮质量浓度的 6%。空气中二氧化硫、硫化氢、过氧乙酰硝酸酯(PAN)和氟化氢的浓度分别高于 $750\mu g/m^3$、$110\mu g/m^3$、$1800\mu g/m^3$ 和 $2.5\mu g/m^3$ 时,干扰臭氧的测定。空气中氯气、二氧化氯的存在使臭氧的测定结果偏高。但在一般情况下,这些气体的浓度很低,不会造成显著误差。

## (八) 说明及注意事项

(1) 市售 IDS 不纯,作为标准溶液使用时必须进行标定。

(2) 用溴酸钾-溴化钾标准溶液标定 IDS 的反应,需要在酸性条件下进行,加入硫酸溶液后反应开始,加入碘化钾后反应终止。为了避免副反应,使反应定量进行,必须严格控制培养箱(或水浴)温度(16℃±1℃)和反应时间(35min±1.0min)。一定要等到溶液温度与培养箱(或水浴)温度达到平衡时再加入硫酸溶液,加入硫酸溶液后应立即盖塞,并开始计时。滴定过程应避免阳光照射。

(3) 本方法为褪色反应,吸收液的体积直接影响测量的准确度,所以装入采样管中吸收液的体积必须准确,最好用移液管加入。采样后向容量瓶中转移吸收液应尽量完全(少量多次冲洗)。装有吸收液的采样管,在运输、保存和取放过程中应防止倾斜或倒置,避免吸收液损失。

## 任务四 环境空气中一氧化碳的测定（GB 9801—88）
### ——非分散红外法

（一）实验目的

　　（1）掌握非分散红外法测定环境空气中一氧化碳含量的原理和方法；

　　（2）熟练掌握一氧化碳红外分析仪的操作。

（二）实验原理

　　样品气体进入仪器，在前吸收室吸收 $4.67\mu m$ 谱线中心的红外辐射能量，在后吸收室吸收其他辐射能量。两室因吸收能量不同，破坏了原吸收室内气体受热产生相同振幅的压力脉冲，变化后的压力脉冲通过毛细管加在差动式薄膜微音器上，被转化为电容量的变化，通过放大器再转变为浓度成正比例的直流测量值。

（三）仪器

　　一氧化碳红外分析仪，记录仪，流量计，一般实验室采用仪器。

（四）试剂

　　（1）氮气　要求其中一氧化碳浓度已知，或是制备霍加拉特加热管除去其中一氧化碳。

　　（2）一氧化碳标定气　浓度应选在仪器量程的 $60\%\sim80\%$ 的范围内。

（五）采样

　　1．直接采样分析

　　使用仪器现场连续监测将样品气体直接通入仪器进气口。

　　2．现场采样实验室分析

　　用采样仪器现场采样收集后带回实验室分析测定。记录采样地点、采样日期和时间、采气筒编号。

（六）分析

　　1．仪器调零

　　开机接通电源预热 30min，启动仪器内装泵抽入氮气，用流量计控制流量为 $0.5L/min$，调节仪器调零电位器，使记录器指针指在所用氮气的一氧化碳浓度的相应位置。

　　使用霍加拉特管调零时，将记录器指针调在零位。

2. 仪器标定

在仪器进气口通入流量为 0.5L/min 的一氧化碳标定气，调节仪器灵敏度电位器，使记录器指针调在一氧化碳浓度的相应位置。

3. 样品分析

接上样品气体到仪器进气口，待仪器读数稳定后直接读取指示格数。

## （七）计算

空气中一氧化碳的质量浓度，按下式计算：

$$\rho(CO) = 1.25n$$

式中　$\rho(CO)$——样品气体中一氧化碳的浓度，mg/m³；

　　　$n$——仪器指示的一氧化碳格数；

　　　1.25——一氧化碳换算成标准状态下浓度为 mg/m³ 的换算系数。

# 任务五　环境空气中甲醛的测定
## （GB/T 15516—1995、GB/T 18204.26—2000）

### 一、乙酰丙酮分光光度法（GB/T 15516—1995）

#### （一）实验目的

（1）掌握乙酰丙酮分光光度法测定环境空气中甲醛含量的原理和方法；

（2）熟练掌握采样仪器和分光光度计的操作。

#### （二）实验原理

甲醛气体经水吸收后，在 pH＝6 的乙酸-乙酸铵缓冲溶液中，与乙酰丙酮作用，在沸水浴条件下，迅速生成稳定的黄色化合物，在波长 413nm 处测定。

本方法在采样体积为 0.5～10.0L 时，测定范围为 0.5～800mg/m³。

#### （三）仪器

分光光度计，多孔玻板吸收管 [50mL 或 125mL，采样流量 0.5L/min 时，阻力为 (6.7±0.7)kPa，单管吸收效率大于 99%]，空盒气压计，风向风速仪，具塞比色管（25mL，具 10mL、25mL 刻度），空气采样器（测量范围 0.2～1.0L/min），pH 酸度计、水浴锅，一般实验室采用仪器。

#### （四）试剂

（1）不含有机物的蒸馏水。

（2）吸收液　不含有机物的重蒸馏水。

（3）乙酸铵。

（4）冰乙酸　$\rho=1.055$。

（5）乙酰丙酮　$\rho=0.975$。

（6）乙酰丙酮溶液 0.25%（体积分数）　称 25g 乙酸铵，加少量水溶解，加 3mL 冰乙酸及 0.25mL 新蒸馏的乙酰丙酮，混匀再加水至 100mL，调整 pH = 6.0，此溶液于 2～5℃贮存，可稳定一个月。

（7）盐酸溶液　$\rho=1.19$ （1+5）。

（8）氢氧化钠溶液　30g/100mL。

（9）碘。

（10）碘化钾。

（11）碘（$I_2$）溶液（$c=0.1mol/L$）　称 40g 碘化钾溶于 10mL 水，加入 12.7g 碘，溶解后移入 1000mL 容量瓶，用水稀释定容。

（12）碘化钾溶液　10g/100mL。

（13）碘酸钾溶液（$c=0.1000mol/L$）　称 3.567g 经 110℃干燥 2h 的碘酸钾（优级纯）溶于水，于 1000mL 容量瓶稀释定容。

（14）淀粉溶液（$c=1g/100mL$）　称 1g 淀粉，用少量水调成糊状，倒入 100mL 沸水中，呈透明溶液，临用时配制。

（15）硫代硫酸钠溶液（$c=0.1mol/L$）　称取 25g 硫代硫酸钠（$Na_2S_2O_3 \cdot 5H_2O$）和 2g 碳酸钠（$Na_2CO_3$）溶解于 1000mL 新煮沸但已冷却的水中，贮于棕色试剂瓶中，放一周后过滤，并标定其浓度。

标定方法：吸取 0.1000mol/L $KIO_3$ 溶液 25.0mL，置于 250mL 碘量瓶中，加 40mL 新煮沸并已冷却的水，加 10g/100mL 碘化钾溶液 10mL，再加（1+5）盐酸溶液 10mL，立即盖好瓶塞，摇匀。于暗处静置 5min 后，用 0.10mol/L 硫代硫酸钠溶液滴定至淡黄色，加 1mL 淀粉溶液，继续滴定至蓝色刚好褪去，记录消耗体积（$V$），按下式计算浓度：

$$c(Na_2S_2O_3)=\frac{0.1000\times25.0}{V}$$

式中　$c(Na_2S_2O_3)$——硫代硫酸钠溶液的浓度，mol/L；

　　　　$V$——滴定消耗硫代硫酸钠溶液体积的平均值，mL。

（16）甲醛溶液　含甲醛 36%～38%。

（17）甲醛标准贮备液　取 10mL 甲醛溶液置于 500mL 容量瓶中，用水稀释定容。

标定方法：吸取 5.0mL 甲醛标准贮备液置于 250mL 碘量瓶中，加 0.1mol/L 碘溶液 30.0mL，立即逐滴加入 30g/100mL 氢氧化钠溶液至颜色褪到淡黄色为止（大约 0.7mL）。静置 10min，加（1+5）盐酸溶液 5mL 酸化（空白滴定时需多加 2mL），在暗处静置 10min，加入 100mL 新煮沸但已冷却的水，用标定好的硫代硫酸钠溶液滴定至淡黄色，加入新配制的 1g/100mL 淀粉指示剂 1mL，继续滴定至蓝色刚刚消失为终点，同时进行空白测定。按下式计算甲醛标准贮备液浓度。

$$甲醛（mg/mL）=\frac{(V_1-V_2)c(Na_2S_2O_3)\times15.0}{5.0}$$

式中　　　$V_1$——空白消耗硫代硫酸钠溶液体积的平均值，mL；

　　　　　$V_2$——标定甲醛消耗硫代硫酸钠溶液体积的平均值，mL；

　$c(Na_2S_2O_3)$——硫代硫酸钠溶液浓度，mol/L；

　　　　　15——甲醛（1/2HCHO）摩尔质量，g/mol；

　　　　　5.0——甲醛标准储备液取样体积，mL。

（18）甲醛标准使用液　用不含有机物的蒸馏水将甲醛标准贮备液稀释成 5.00μg/mL 甲醛标准使用液，2～5℃贮存，可稳定一周。

**（五）实验操作方法**

1. 校准曲线的绘制

取 7 支 25mL 具塞比色管，按表 2-11 配制标准系列。

表 2-11　甲醛标准溶液系列

| 管　　号 | 0 | 1 | 2 | 3 | 4 | 5 | 6 |
|---|---|---|---|---|---|---|---|
| 甲醛（5.00μg/mL）/mL | 0 | 0.20 | 0.80 | 2.00 | 4.00 | 6.00 | 7.00 |
| 甲醛含量/μg | 0 | 1.00 | 4.00 | 10.00 | 20.00 | 30.00 | 35.00 |

于上述标准系列中，用水稀释定容至 10.0mL 刻线，加 0.25％乙酰丙酮溶液 2.0mL，混匀，置于沸水浴加热 3min，取出冷却至室温，用 1cm 吸收池，以水为参比，于波长 413nm 处测定吸光度，将上述系列标准溶液测得的吸光度 $A$ 值扣除试剂空白（零浓度）的吸光度 $A_0$ 值，得到校准吸光度 $y$ 值，以校准吸光度 $y$ 为纵坐标，以甲醛含量 $x(μg)$ 为横坐标，检测校准曲线，或用最小二乘法计算其回归方程式。注意"零"浓度不参与计算。

$$y=bx+a$$

式中　$a$——回归方程式的截距；

　　　$b$——回归方程式的斜率。

2. 样品采集与测定

（1）样品采集与保存　采样系统由采样引气管、采样吸收管和空气采样器串联组成，吸收管体积为 50mL 或 125mL，吸收液装液量分别为 20mL 或 50mL，以 0.5～1.0L/min 的流量，采气 5～20min。

现场空白：将装有吸收液的采样管带到采样现场，除了不采气之外，其他环境条件与样品相同。

采集好的样品于 2～5℃ 贮存，2 天内分析完毕，以防止甲醛被氧化。

（2）样品测定 将吸收后的样品溶液移入 50mL 或 100mL 容量瓶中，用水稀释定容。取少于 10mL 试样（吸取量视试样浓度而定），于 25mL 比色管中，用水定容至 10.0mL 刻线，以下步骤同校准曲线的绘制。

## （六）结果计算

试样中甲醛的吸光度 $y$ 按下式计算：

$$y = A_s - A_b$$

式中 $A_s$——样品测定吸光度；

$A_b$——空白试验吸光度。

试样中甲醛含量 $x(\mu g)$ 按下式计算：

$$x = \frac{y-a}{b} \times \frac{V_1}{V_2}$$

式中 $V_1$——定容体积，mL；

$V_2$——测定取样体积，mL。

废气或环境空气中甲醛浓度 $c(mg/m^3)$ 按下式计算：

$$c = \frac{x}{V_{nd}}$$

式中 $V_{nd}$——换算为标准状态（101.325kPa，273K）下的采样体积，L。

## （七）注意事项

日光照射常使甲醛氧化，因此在采样时选用棕色吸收管，在样品运输和存放过程中，都应采取避光措施。

## 二、酚试剂分光光度法（GB/T 18204.26—2000）

### （一）实验目的

（1）掌握酚试剂分光光度法测定公共场所空气中甲醛含量的原理和方法；
（2）熟练掌握采样仪器和分光光度计的操作。

### （二）实验原理

空气中的甲醛与酚试剂反应生成嗪，嗪在酸性溶液中被高铁离子氧化形成蓝绿色化合物，根据颜色深浅，在波长 630nm 处测定。

本方法在采样体积为 10L 时，可测定浓度范围为 0.01～0.15mg/m³。

## （三）仪器

分光光度计，多孔玻板吸收管或气泡吸收管，空盒气压计，具塞比色管（10mL），空气采样器（测量范围 0.0～1.0L/min），一般实验室采用仪器。

## （四）试剂

(1) 重蒸馏水或去离子交换水。

(2) 吸收液原液　称取 0.10g 酚试剂 [$C_6H_4SN(CH_3)CNNH_2HCl$，简称MBTH]，加水溶解，倾于 100mL 具塞量筒中，加水至刻度。放冰箱中保存，可稳定 3d。

(3) 吸收液　量取吸收原液 5mL，加 95mL 水，即为吸收液。采样时，临用现配。

(4) 1%硫酸铁铵溶液　称量 1.0g 硫酸铁铵 [$NH_4Fe(SO_4)_2 \cdot 12H_2O$] 用0.1mol/L 盐酸溶解，并稀释至 100mL。

(5) 碘（$I_2$）溶液（$c = 0.1000$mol/L）　称 40g 碘化钾，溶于 25mL 水中，加入 12.7g 碘，待碘完全溶解后，用水定容至 1000mL，移入棕色瓶中，暗处贮存。

(6) 氢氧化钠溶液（$c = 1$mol/L）　称取 40g 氢氧化钠，溶于水中，并稀释至 1000mL。

(7) 硫酸溶液（$c = 0.5$mol/L）　取 28mL 浓硫酸缓慢加入水中，冷却后，稀释至 1000mL。

(8) 5g/L 淀粉溶液　将 0.5g 可溶性淀粉，用少量水调成糊状后，再加入100mL 沸水，并煮沸 2～3min 至溶液透明，冷却后，加入 0.1g 水杨酸或 0.4g氯化锌保存。

(9) 硫代硫酸钠标准溶液（$c = 0.1000$mol/L）　称取 25g 硫代硫酸钠（$Na_2S_2O_3 \cdot 5H_2O$）溶解于 1000mL 新煮沸但已冷却的水中，加入 0.2g 无水碳酸钠，贮于棕色试剂瓶中，放一周后，再标定其浓度。

标定方法：吸取 0.1000mol/L $KIO_3$ 溶液 25.0mL，置于 250mL 碘量瓶中，加 75mL 新煮沸并已冷却的水，加 3g 碘化钾及 10mL 1mol/L 盐酸溶液，立即盖好瓶塞，摇匀。于暗处静置 3min 后，用 0.10mol/L 硫代硫酸钠溶液滴定至淡黄色，加 1mL 0.5%淀粉溶液呈蓝色，继续滴定至蓝色刚好褪去，记录消耗体积（V），按下式计算浓度：

$$c(Na_2S_2O_3) = \frac{0.1000 \times 25.0}{V}$$

式中　$c(Na_2S_2O_3)$——硫代硫酸钠溶液的浓度，mol/L；

$V$——滴定消耗硫代硫酸钠溶液体积的平均值，mL。

平行滴定两次，所用硫代硫酸钠溶液相差不能超过 0.05mL，否则应重新做平行测定。

（10）甲醛标准贮备液　取 2.8mL 含量为 36％～38％甲醛溶液，放入 1L 容量瓶中，加水稀释至刻度。此溶液 1mL 均相当于 1mg 甲醛，其准确浓度用下述碘量法标定。

标定方法：准确量取 20.00mL 待标定的甲醛标准贮备液置于 250mL 碘量瓶中，加 0.1000mol/L 碘溶液 20.00mL 和 15mL1mol/L 氢氧化钠溶液，放置 15min，加入 20mL0.5mol/L 硫酸溶液，再放置 15min，用标定好的硫代硫酸钠溶液滴定至淡黄色，加入 0.5％淀粉溶液 1mL，继续滴定至蓝色刚刚消失为终点，同时用水做试剂进行空白测定。按下式计算甲醛标准贮备液浓度。

$$甲醛（mg/mL）=\frac{(V_1-V_2)c(Na_2S_2O_3)\times15.0}{20.0}$$

式中　　　$V_1$——空白消耗硫代硫酸钠溶液体积的平均值，mL；

　　　　　$V_2$——标定甲醛消耗硫代硫酸钠溶液体积的平均值，mL；

　$c(Na_2S_2O_3)$——硫代硫酸钠溶液浓度，mol/L；

　　　　　15.0——甲醛（1/2HCHO）摩尔质量，g/mol；

　　　　　20.0——甲醛标准贮备液取样体积，mL。

两次平行滴定，误差应小于 0.05mL，否则重新标定。

（11）甲醛标准溶液　临用时，将甲醛标准贮备溶液用水稀释成 1.00mL 含 10μg 甲醛，立即再取此溶液 10.00mL，加入 100mL 容量瓶中，加入 5mL 吸收原液，用水定容至 100mL，此液 1.00mL 含 1.00μg 甲醛，放置 30min 后，用于配制标准色列管，此标准溶液可稳定 24h。

（五）实验操作方法

1. 校准曲线的绘制

取 10mL 具塞比色管，用甲醛标准溶液按表 2-12 配制标准系列。

表 2-12　甲醛标准溶液系列

| 管　号 | 0 | 1 | 2 | 3 | 4 | 5 | 6 | 7 | 8 |
|---|---|---|---|---|---|---|---|---|---|
| 甲醛(1.00μg/mL)/mL | 0 | 0.10 | 0.20 | 0.40 | 0.60 | 0.80 | 1.00 | 1.50 | 2.00 |
| 吸收液/mL | 5.0 | 4.9 | 4.8 | 4.6 | 4.4 | 4.2 | 4.0 | 3.5 | 3.0 |
| 甲醛含量/μg | 0 | 0.1 | 0.2 | 0.4 | 0.6 | 0.8 | 1.0 | 1.5 | 2.0 |

各管中，加入 0.4mL1％硫酸铁铵溶液，摇匀。放置 15min。用 1cm 比色皿，在波长 630nm 下，以水作参比，测定各管溶液的吸光度。以甲醛含量

$x(\mu g)$为横坐标，吸光度为纵坐标，绘制曲线，或用最小二乘法计算其回归方程式。

$$y = bx + a$$

式中　$a$——回归方程式的截距；

　　　$b$——回归方程式的斜率。

2. 样品采集与测定

(1) 样品采集与保存　采样系统由采样引气管、采样吸收管和空气采样器串联组成，用一个内装 5mL 吸收液的吸收管，0.5L/min 流量，采气 10L，并记录采样点的温度和大气压。

现场空白：将装有吸收液的采样管带到采样现场，除了不采气之外，其他环境条件与样品相同。

采样后样品在室温下应在 24h 内分析。

(2) 样品测定　采样后，将样品溶液全部转入比色管中，用少量吸收液洗吸收管，合并使总体积为 5mL。按绘制标准曲线的操作步骤测定吸光度；在每批样品测定的同时，用 5mL 未采样的吸收液作试剂空白，测定试剂空白的吸光度。

(六) 结果计算

试样中甲醛的吸光度 $y$ 按下式计算：

$$y = A_s - A_b$$

式中　$A_s$——样品测定吸光度；

　　　$A_b$——空白试验吸光度。

试样中甲醛含量 $x(\mu g)$ 按下式计算：

$$x = \frac{y-a}{b} \times \frac{V_1}{V_2}$$

式中　$V_1$——定容体积，mL；

　　　$V_2$——测定取样体积，mL。

废气或环境空气中甲醛浓度 $\rho(mg/m^3)$ 按下式计算：

$$\rho = \frac{x}{V_{nd}}$$

式中　$V_{nd}$——换算为标准状态 (101.325kPa，273K) 下的采样体积，L。

(七) 注意事项

20$\mu g$ 酚、2$\mu g$ 醛以及二氯化氮对本方法无干扰。二氧化硫共存时，使测定结果偏低。因此对二氧化硫干扰不可忽视，可将气样先通过硫酸锰滤纸过滤器予以排除。

## 任务六　环境空气中苯系物的测定（HJ 583—2010、HJ 584—2010）

### 一、固体吸附/热脱附-气相色谱法（HJ 583—2010）

#### （一）实验目的

(1) 掌握固体吸附/热脱附-气相色谱法测定环境空气中苯系物含量的原理和方法；

(2) 熟练掌握采样仪器和气相色谱仪的操作。

#### （二）实验原理

用填充聚 2,6-二苯基对苯醚（Tenax）采样管，在常温条件下，富集环境空气或室内空气中的苯系物，采样管连入热脱附仪，加热后将吸附成分导入带有氢火焰离子化检测器（FID）的气相色谱仪进行分析。

本方法在采样体积为 1L 时，苯、甲苯、乙苯、邻二甲苯、间二甲苯、对二甲苯、异丙苯和苯乙烯的方法检出限和测定下限，见表 2-13。

表 2-13　方法检出限和测定下限　　　　　　单位：mg/m³

| 组　　分 | 毛细管柱气相色谱法 | | 填充柱气相色谱法 | |
|---|---|---|---|---|
| | 方法检出限 | 测定下限 | 方法检出限 | 测定下限 |
| 苯 | $5.0 \times 10^{-4}$ | $2.0 \times 10^{-3}$ | $5.0 \times 10^{-4}$ | $2.0 \times 10^{-3}$ |
| 甲苯 | $5.0 \times 10^{-4}$ | $2.0 \times 10^{-3}$ | $1.0 \times 10^{-3}$ | $4.0 \times 10^{-3}$ |
| 乙苯 | $5.0 \times 10^{-4}$ | $2.0 \times 10^{-3}$ | $1.0 \times 10^{-3}$ | $4.0 \times 10^{-3}$ |
| 对二甲苯 | $5.0 \times 10^{-4}$ | $2.0 \times 10^{-3}$ | $1.0 \times 10^{-3}$ | $4.0 \times 10^{-3}$ |
| 间二甲苯 | $5.0 \times 10^{-4}$ | $2.0 \times 10^{-3}$ | $1.0 \times 10^{-3}$ | $4.0 \times 10^{-3}$ |
| 邻二甲苯 | $5.0 \times 10^{-4}$ | $2.0 \times 10^{-3}$ | $1.0 \times 10^{-3}$ | $4.0 \times 10^{-3}$ |
| 异丙苯 | $5.0 \times 10^{-4}$ | $2.0 \times 10^{-3}$ | $1.0 \times 10^{-3}$ | $4.0 \times 10^{-3}$ |
| 苯乙烯 | $5.0 \times 10^{-4}$ | $2.0 \times 10^{-3}$ | $1.0 \times 10^{-3}$ | $4.0 \times 10^{-3}$ |

#### （三）仪器

(1) 气相色谱仪（配 FID 检测器）。

(2) 色谱柱

① 填充柱：材质为硬质玻璃或不锈钢，长 2m，内径 3~4mm，内填充涂覆 2.5%邻苯二甲酸二壬酯（DNP）和 2.5%有机皂土-34（bentane）的 Chromsorb G·DMCS（80~100 目）。

② 毛细管柱：固定液为聚乙二醇（PEG-20M），30m×0.32mm×1.00μm 或等效毛细管柱。

（3）热脱附装置　具有一级脱附或二级脱附功能，热脱附单元能连续调温，最高温度能达到300℃，当温度达到设定值后，温度可保持恒定。采样管装到热脱附仪上后，采样管两端及整个系统不漏气。与气相色谱仪连接的传输线温度应能保持在100℃以上。具有冷冻聚焦功能的热脱附仪也适用于本方法。

（4）老化装置　温度在200～400℃之间可控，同时保持一定的氮气流速。

（5）样品采集装置　无油采样泵，流量范围0.01～0.1L/min和0.1～0.5L/min，流量稳定。

（6）采样管　材料为不锈钢或硬质玻璃，内填不少于200mg的Tenax（60～80目）吸附剂（或其他等效吸附剂），两端用孔隙小于吸附剂粒径的不锈钢网或石英棉固定，防止吸附剂掉落。管内吸附剂的位置至少离管入口端15mm，填装吸附剂的长度不能超过加热区的尺寸。采样管可以直接购买，也可以自己填装。

（7）空盒气压计。

（8）风向风速仪。

（9）微量进样器　1～5μL。

（10）一般实验室常用仪器设备。

（四）试剂和材料

（1）甲醇　色谱纯。

（2）标准贮备液　取适量色谱纯的苯、甲苯、乙苯、邻二甲苯、间二甲苯、对二甲苯、异丙苯和苯乙烯配制于一定体积的甲醇中，也可使用有证标准溶液。

（3）载气　氮气，纯度99.999%，用净化管净化。

（4）燃烧气　氢气，纯度99.99%。

（5）助燃气　空气，用净化管净化。

（五）实验操作方法

1. 仪器的选择

当选用的热脱附装置只具有一级脱附功能时，宜选用带有填充柱的气相色谱仪。当选用的热脱附装置具有二级脱附功能时，应选用带有毛细管柱的气相色谱仪。选择毛细管柱时，根据二级脱附聚焦管的推荐脱附流量选择毛细管柱内径。一般情况下，聚焦管推荐脱附流量低于2.0mL/min时，可选用0.25mm内径的毛细管柱；当聚焦管推荐热脱附流量大于2.0mL/min时，可选用0.32mm内径以上的毛细管柱。固定液为聚乙二醇，膜厚大于1.0μm的毛细管柱对本标准的目标组分有较好的分离。

2. 推荐分析条件

（1）一级热脱附、填充柱气相色谱参考条件

① 热脱附仪  载气流速50mL/min；阀温100℃；传输线温度150℃；脱附温度250℃；脱附时间3min。

② 填充柱气相色谱  载气流速50mL/min；进样口温度150℃；检测器温度150℃；柱温65℃；氢气流量40mL/min；空气流量400mL/min。

（2）二级热脱附、毛细管柱气相色谱参考条件

① 热脱附仪  采样管初始温度40℃；聚焦管初始温度40℃；干吹温度40℃；干吹时间2min；采样管脱附温度250℃；采样管脱附时间3min；采样管脱附流量30mL/min；聚焦管脱附温度250℃；聚焦管脱附时间3min；传输线温度150℃。

② 毛细管柱气相色谱  柱箱温度80℃恒温；柱流量3.0mL/min；进样口温度150℃；检测器温度250℃；尾吹气流量30mL/min；氢气流量40mL/min；空气流量400mL/min。

3. 校准曲线绘制

分别取适量的标准贮备液，用甲醇稀释并定容至1.00mL，配制浓度依次为5μg/mL、10μg/mL、20μg/mL、50μg/mL和100μg/mL的校准系列。

将老化后的采样管连接于其他气相色谱仪的填充柱进样口，或类似于气相色谱填充柱进样口功能的自制装置，设定进样口（装置）温度为50℃，用注射器注射1.0μL标准系列溶液，用100mL/min的流量通载气5min，迅速取下采样管，用聚四氟乙烯帽将采样管两端响应值绘制密封，得到5ng、10ng、20ng、50ng和100ng校准曲线系列采样管。将校准曲线系列采样管按吸附标准溶液时气流相反方向连接入热脱附仪分析，根据目标组分质量和响应值绘制校准曲线。

若热脱附仪带有液体标准物质进样口，可直接注射一定量的标准溶液，来绘制校准曲线。

填充柱参考色谱图见图2-8，毛细管柱参考色谱图见图2-9。

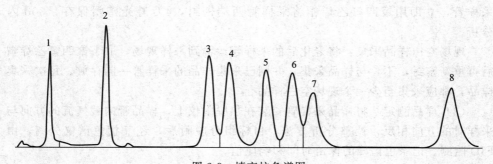

图2-8  填充柱色谱图

1—苯；2—甲苯；3—乙苯；4—对二甲苯；5—间二甲苯；

6—邻二甲苯；7—异丙苯；8—苯乙烯

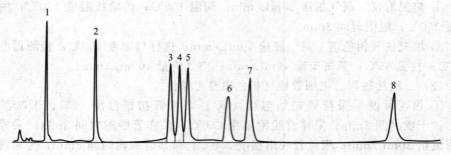

图 2-9　毛细管柱色谱图

1—苯；2—甲苯；3—乙苯；4—对二甲苯；5—间二甲苯；

6—异丙苯；7—邻二甲苯；8—苯乙烯

**4. 样品采集与测定**

（1）采样管的准备　新填装的采样管应用老化装置或具有老化功能的热脱附仪老化，老化流量 50mL/min，温度为 350℃，时间为 120min；使用过的采样管应在 350℃下老化 30min 以上，老化后的采样管两端立即用聚四氟乙烯帽密封，放在密封袋或保护管中保存。密封袋或保护管存放于装有活性炭的盒子或干燥器中，4℃保存。老化后的采样管应在两周内使用。

（2）样品采集　采样前应对采样器进行流量校准。在采样现场，将一只采样管与空气采样装置相连，调整采样装置流量，此采样管仅作为调节流量用，不用做采样分析。

常温下，将老化后的采样管去掉两侧的聚四氟乙烯帽，按照采样管上流量方向与采样器相连，检查采样系统的气密性。以 10～200mL/min 的流量采集空气 10～20min。若现场大气中含有较多颗粒物，可在采样管连接过滤头。同时记录采样器流量、当前温度和气压。采样完毕前，再次记录采样流量，取下采样管，立即用聚四氟乙烯帽将采样管两端密封，4℃避光密闭保存，30d 内分析。

现场空白样品采集：将老化后的采样管运输到采样现场，取下聚四氟乙烯帽后再重新密封，不参与样品采集，并同已采集样品的采样管一同存放。每次采集样品，都应采集至少一个现场空白样品。

（3）样品测定　将样品采样管安装在热脱附仪上，样品管内载气流的方向与采样时的方向相反，调整分析方法，目标组分脱附后，经气相色谱仪分离，由 FID 监测。记录色谱峰的保留时间和响应值。

**（六）结果计算**

试样中目标化合物浓度，按下式计算：

$$\rho = \frac{W - W_0}{V_{nd} \times 1000}$$

式中 $\rho$——气体中被测组分浓度，$mg/m^3$；

$W$——热脱附进样，由校准曲线计算的被测组分的质量，ng；

$W_0$——由校准曲线计算的空白管中被测组分的质量，ng；

$V_{nd}$——标准状态（101.325kPa，0℃）的采样体积，L。

当测定结果小于 $0.1mg/m^3$ 时，保留到小数点后四位；大于等于 $0.1mg/m^3$ 时，保留三位有效数字。

（七）注意事项

（1）主要污染来自于 Tenax 采样管的样品残留。采样前应充分老化采样管，以去除样品残留，残留量应小于校准曲线最低点的 1/4。在运输和储存过程中，采样管应密闭保存。

（2）现场空白样品中目标化合物的残留量应小于样品的 1/4，当数据可疑时，应对本批数据进行核实和检查。

（3）采样前后的流量相对偏差应在 10% 以内。

## 二、活性炭吸附/二硫化碳解吸-气相色谱法（HJ 584—2010）

（一）实验目的

（1）掌握活性炭吸附/二硫化碳解吸气相色谱法测定环境空气中苯系物含量的原理和方法；

（2）熟练掌握采样仪器和气相色谱仪的操作。

（二）实验原理

用活性炭采样管富集环境空气和室内空气中苯系物，二硫化碳解吸，使用带有氢火焰离子化检测器（FID）的气相色谱仪测定分析。

本方法在采样体积为 10L 时，苯、甲苯、乙苯、邻二甲苯、间二甲苯、对二甲苯、异丙苯和苯乙烯的方法检出限均为 $1.5 \times 10^{-3} mg/m^3$，测定下限均为 $6.0 \times 10^{-3} mg/m^3$。

（三）仪器

（1）气相色谱仪（配 FID 检测器）。

（2）色谱柱

① 填充柱 材质为硬质玻璃或不锈钢，长 2m，内径 3～4mm，内填充涂覆 2.5% 邻苯二甲酸二壬酯（DNP）和 2.5% 有机皂土-34（bentane）的 Chromsorb

**117**

G·DMCS（80～100目）。

②毛细管柱　固定液为聚乙二醇（PEG-20M），$30m \times 0.32mm \times 1.00\mu m$ 或等效毛细管柱。

（3）样品采集装置　无油采样泵，能在 $0～1.5L/min$ 内精确保持流量。

（4）活性炭采样管。

（5）空盒气压计。

（6）风向风速仪。

（7）微量进样器　$1～5\mu L$，精度 $0.1\mu L$。

（8）移液管　$1.00mL$。

（9）磨口具塞试管　$5mL$。

（10）一般实验室常用仪器设备。

（四）试剂和材料

（1）二硫化碳　分析纯，经色谱鉴定无干扰峰。

（2）标准贮备液　取适量色谱纯的苯、甲苯、乙苯、邻二甲苯、间二甲苯、对二甲苯、异丙苯和苯乙烯配制于一定体积的二硫化碳中，也可使用有证标准溶液。

（3）载气　氮气，纯度 $99.999\%$，用净化管净化。

（4）燃烧气　氢气，纯度 $99.99\%$。

（5）助燃气　空气，用净化管净化。

（五）实验操作方法

1. 推荐分析条件

（1）填充柱气相色谱法　载气流速 $50mL/min$；进样口温度 $150℃$；检测器温度 $150℃$；柱温 $65℃$；氢气流量 $40mL/min$；空气流量 $400mL/min$。

（2）毛细管柱气相色谱法　柱箱温度 $65℃$ 保持 $10min$，以 $5℃/min$ 速率升温到 $90℃$ 保持 $2min$；柱流量 $2.6mL/min$；进样口温度 $150℃$；检测器温度 $250℃$；尾吹气流量 $30mL/min$；氢气流量 $40mL/min$；空气流量 $400mL/min$。

2. 校准曲线绘制

分别取适量的标准贮备液，稀释到 $1.00mL$ 的二硫化碳中，配制质量浓度依次为 $0.5\mu g/mL$、$1.0\mu g/mL$、$10\mu g/mL$、$20\mu g/mL$ 和 $50\mu g/mL$ 的校准系列。分别取标准系列溶液 $1.0\mu L$ 注射到气相色谱仪进样口。根据各目标组分质量和响应值绘制校准曲线。

填充柱参考色谱图，见图 2-10。

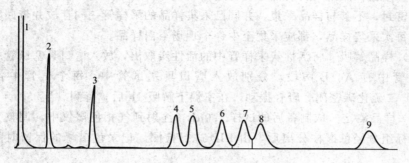

图 2-10　填充柱参考色谱图

1—二硫化碳；2—苯；3—甲苯；4—乙苯；5—对二甲苯；

6—间二甲苯；7—邻二甲苯；8—异丙苯；9—苯乙烯

毛细管柱参考色谱图，见图 2-11。

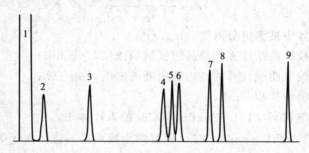

图 2-11　毛细管柱参考色谱图

1—二硫化碳；2—苯；3—甲苯；4—乙苯；5—对二甲苯；

6—间二甲苯；7—异丙苯；8—邻二甲苯；9—苯乙烯

3. 样品采集与测定

（1）样品采集　采样前应对采样器进行流量校准。在采样现场，将一只采样管与空气采样装置相连，调整采样装置流量，此采样管仅作为调节流量用，不用做采样分析。

敲开活性炭采样管的两端，与采样器相连，检查采样系统的气密性。以 $0.2\sim0.6\text{L/min}$ 的流量采气 $1\sim2\text{h}$（废气采样时间 $5\sim10\text{min}$）。若现场大气中含有较多的颗粒物，可在采样管前连接过滤头。同时记录采样器流量、当前温度、气压及采样时间和地点。采样完毕前，再次记录采样流量，取下采样管，立即用聚四氟乙烯帽将采样管两端密封，避光密闭保存，室温下 8h 内测定。否则放入密闭容器中，保存于 $-20\text{℃}$ 冰箱中，保存期限为 1d。

现场空白样品采集：将活性炭管运输到采样现场，敲开两端后立即用聚四氟乙烯帽密封，不参与样品采集，并同已采集样品的采样管一同存放并带回实验室分析。每次采集样品，都应采集至少一个现场空白样品。

（2）样品解吸　将活性炭采样管中的活性炭取出，放入磨口具塞试管中，若活性炭管中有 A、B 两段，分别放入磨口具塞试管中，每个试管中各加入 1.00mL 二硫化碳密闭，轻轻振动，在室温下解吸 1h 后，待测。

（3）样品测定　取制备后的试样 1.0μL，注射到气相色谱仪中，调整分析条件，目标组分经色谱柱分离后，由 FID 进行检测。记录色谱峰的保留时间和响应值。

## （六）结果计算

气体中目标化合物浓度，按下式计算：

$$\rho = \frac{(W - W_0)V}{V_{nd}}$$

式中　$\rho$——气体中被测组分浓度，mg/m$^3$；

　　$W$——由校准曲线计算的样品解吸液的浓度，μg/mL；

　　$W_0$——由校准曲线计算的空白解吸液的浓度，μg/mL；

　　$V$——解吸液体积，mL；

　　$V_{nd}$——标准状态（101.325kPa，0℃）的采样体积，L。

当测定结果小于 0.1mg/m$^3$ 时，保留到小数点后四位；大于等于 0.1mg/m$^3$ 时，保留三位有效数字。

## （七）注意事项

（1）当空气中水蒸气或水雾太大，以致在活性炭管中凝结时，影响活性炭的穿透体积及采样效率，空气湿度应小于 90%。

（2）采样前后的流量相对偏差应在 10% 以内。

（3）活性炭采样管的吸附效率应在 80% 以上，即 B 段活性炭所收集的组分应小于 A 段的 25%，否则应调整流量或采样时间，重新采样。按下式计算活性炭管的吸附效率。

$$K = \frac{M_1}{M_1 + M_2} \times 100\% \tag{2-16}$$

式中　$K$——采样吸附效率，%；

　　$M_1$——A 段采样量，ng；

　　$M_2$——B 段采样量，ng。

● 考核评价——评一评

班级：_____ 组别：_____ 姓名：_____

| 项目考核 | | 评价内涵和标准 | 项目权重/% | 学生自评 20% | 学生互评 30% | 教师评价 50% |
|---|---|---|---|---|---|---|
| 考核内容 | 指标分解 | | | | | |
| 知识内容 | 环境空气中气态污染物的知识,常用监测分析方法原理 | 结合学生自查资料,熟识环境空气中气态污染物知识,掌握常用的监测分析方法原理、操作及计算方法 | 20 | | | |
| 项目完成度 | 常用监测方法的理解 | 能够掌握相关仪器的操作及使用流程 | 10 | | | |
| | 实践过程 | 实践操作的标准化、规范化程度 | 20 | | | |
| | | 知识应用能力,应变能力,能正确地分析和解决问题的能力 | 10 | | | |
| | 检测结果分析及优化 | 检测结果分析的表达与展示,能准确进行结果评价,准确回答师生提出的疑问 | 20 | | | |
| 表现 | 团队合作 | 能正确、全面获取信息并进行有效的归纳 | 5 | | | |
| | | 能积极参与分析方案的制订,进行小组谈论,提出自己的建议和意见 | 5 | | | |
| | | 善于沟通,积极与他人合作完成任务,能正确分析和解决问题 | 5 | | | |
| | | 遵守纪律,安全环保意识与总体表现 | 5 | | | |
| 综合评分 | | | | | | |
| 综合评语 | | | | | | |

## 项目四 ▶ 固定污染源烟尘及烟气的测定

● 典型工作任务

空气污染源是空气中污染物的主要来源。测定固定污染源中污染物的浓度和排放速率，首先需要测定固定污染源的面积及烟气的温度、湿度、流速等因素。固定污染源中常见的污染物有：烟尘、林格曼黑度、$SO_2$，以 NO 和 $NO_2$ 为主的含氮化合物。在本项目中重点介绍《固定污染源排气中颗粒物测定与气态污染物采样方法》(GB/T 16157—1996) 中烟气基本参数及烟尘的测定；烟气黑度的测定，烟气中氮氧化物的测定。

● **任务驱动**

通过本项目应具备的能力目标、知识目标及素质目标如下表。

| 能 力 目 标 | 知 识 目 标 | 素 质 目 标 |
|---|---|---|
| 1. 能根据任务要求进行合理分工；<br>2. 能根据任务要求查找相关的环境标准、规范和环境专业知识；<br>3. 能依据监测方法的要求选择合适的采样方法和采样器，并能熟练操作采样仪器并编制操作规程；<br>4. 能根据现场采集的样品类型选择合适的保存和运输方法；<br>5. 能运用化学分析或仪器分析的方法，对不同污染物样品进行分析并能正确处理实验数据；<br>6. 能熟练使用分析仪器；<br>7. 能针对不同监测因子编制科学合理的采样记录表和分析测试原始记录表，并规范填写；<br>8. 能正确选择评价标准对监测结果进行评价，编制监测报告并能用流畅、简洁、精准的语言表达；<br>9. 能把质量控制体系运用在整个监测过程中 | 1. 掌握监测任务中采样点的布设原则，采样时间、采样频率的设置方法；<br>2. 掌握各监测因子的采样方法、样品的预处理方法及样品的分析方法；<br>3. 掌握监测数据的处理方法；<br>4. 理解各污染因子监测分析的方法原理；<br>5. 掌握采样记录表和分析测试原始记录表的设计和填写要求；<br>6. 了解采样仪器操作规程编制的书写格式及注意事项；<br>7. 掌握监测过程中的质量控制体系 | 1. 养成团结合作、积极进取的协作精神；<br>2. 学会自我学习，树立追求知识、独立思考、勇于创新的科学态度和踏实能干、任劳任怨的工作作风；<br>3. 树立安全环保意识；<br>4. 树立诚信意识、质量意识和规范意识；<br>5. 学会发现问题、解决问题，学会沟通和应变方法；<br>6. 养成敬业爱岗、严格遵守操作规程的职业道德 |

● **国家相关标准**

GB/T 16157—1996　固定污染源排气中颗粒物测定与气态污染物采样方法

HJ/T 76—2007　固定污染源烟气排放连续监测系统技术要求及检测方法（试行）

GB 16297—1996　大气污染物综合排放标准

GB 13271—2014　锅炉大气污染物排放标准

HJ/T 398—2007　固定污染源排放烟气黑度的测定　林格曼烟气黑度图法

HJ 693—2014　固定污染源废气　氮氧化物的测定　定电位电解法

● 知识链接——读一读

## 知识一 固定污染源（GB/T 16157—1996）

固定污染源是指工业生产和居民生活所用的烟道、烟囱及排气筒等。它们排放的废气中既包含固态的烟尘和粉尘，也包含气态和气溶胶态等多种有害物质。固定污染源监测在空气环境监测中占有及其重要的位置，它可以为空气环境管理及评价提供重要依据。

固定污染源的监测，已有标准《固定污染源排气中颗粒物测定与气态污染物的采样方法》（GB/T 16157—1996），该方法主要规定了大气固定污染源中颗粒物和气态污染物的采样测定及计算方法。采样时，还应遵守有关排放标准和气态污染物分析方法标准的有关规定。该标准适用于各种炼炉、工业炉窑及其他固定污染源排气中颗粒物的测定和气态污染物采样。

标准还规定了排气参数温度、压力、水分、成分的测定；排气密度和气体相对分子质量的计算；排气流速和流量的测定；排气中颗粒物的测定和排放浓度，排放速率的计算；排气中气态污染物采样和排放浓度，排放速率的测定。

## 知识二 固定污染源的排放标准（GB/T 16157—1996、<br>GB 16297—1996、GB 13271—2014）

国家已有的大气排放标准比较多，主要的有《大气污染物综合排放标准》（GB 16297—1996）、《锅炉大气污染物排放标准》（GB 13271—2014）、《水泥工业大气污染物排放标准》（GB 4915—2013）、《砖瓦工业大气污染物排放标准》（GB 29620—2013）、《电子玻璃工业大气污染物排放标准》（GB 29495—2013）、《铁合金工业污染物排放标准》（GB 28666—2012）等。各类标准里都规定了固定污染源相应的标准限值。

在《大气污染物综合排放标准》（GB 16297—1996）中，不仅规定了各类污染物的最高允许排放浓度，而且根据烟囱的高度规定了污染物的最高允许排放速率。任何一个排气筒必须同时遵守这两项指标，超过其中任何一项，均为超标排放。

最高允许排放浓度是指处理设施排气筒中污染物任何 1h 浓度平均值不得超过的限值；或指处理设施排气筒中污染物任何 1h 浓度平均值不得超过的限值。

最高允许排放速率是一定高度的排气筒任何 1h 排放污染物的质量不得超过的限值。

标准状态是指温度为 273K，压力为 101325Pa 时的状态。标准中的各类标准值，均以标准状态下的干空气为基准。

**123**

在《锅炉大气污染物排放标准》(GB 13271—2014) 中，实测的锅炉污染物的排放浓度还需根据各类燃烧设备的基准氧含量折算为基准氧含量排放浓度。

# 知识三　采样位置及采样点的布设

固定污染源中的气体流动速度和方向都不均匀、不稳定，随着烟道的大小、方向等变化，选择适当的采样位置非常重要。

## 1. 采样位置的选择

采样位置应优先选择垂直管段，应避开烟道弯头和断面急剧变化的部位，采样位置应设在距弯头、阀门、变径管下游方向不小于 6 倍直径的地方，或距部件上游方向不小于 3 倍地方。如果客观条件难于满足上述要求，采样断面与阻力构件的距离也不应小于管道直径的 1.5 倍，此时应适当增加测点数目。采样断面气流流速最好在 5m/s 以下；对矩形烟道的直径按其当量直径计算。对于气态污染物，由于混合比较均匀，其采样位置可以不受上述规定限制，但应避开涡流区，如果同时测定排气流量，采样位置要按上述要求进行，需要特别注意的是采样位置要避开对测试人员有危险的场所。

## 2. 采样点数目的确定

烟道内同一断面上各点的气流速度和烟尘浓度分布通常是不均匀的，因此，必须按照一定原则进行多点采样。采样点的数目主要根据烟道断面的形状、尺寸大小和流速分布情况来确定。具体内容详见模块一项目二中的相关内容，在此不再阐述。

# 知识四　烟气相关参数的测定 (GB/T 16157—1996)

烟气的温度、压力、流速和含湿量是烟气的基本状态参数，也是计算烟尘及烟气中有害物质浓度的依据。通过采样流量和采样时间的乘积可以求得烟气体积，而采样流量可由测点烟道断面乘以烟气流速得到，流速由烟气压力和温度计算求得。

另外，需要注意的是，对有害物质排放浓度和废气排放量进行计算时，气样体积要采用现行监测方法中推荐的标准状态（温度为 0℃，大气压力为 101.3kPa）下的干燥气体的体积。

## (一) 烟气温度的测定

### 1. 玻璃水银温度计

适于在直径较小的低温烟道中使用，测定时应将温度计球部放在靠近烟道中心位置。

### 2. 热电偶温度计

（1）原理　将两根不同的金属导线连成一闭路，当两接点处于不同温度环境中时，便可产生热电势，温差越大，热电势越大。如果热电偶一个接点的温度保持恒定（称为自由端，置于空气中），则产生的热电势便完全决定于另一个接点的温度（称为工作端，伸进烟道里），用毫伏计测出热电偶的热电势，就可以得到工作端所处的温度。测温时，将毫伏计的工作端伸进烟道里，靠近烟道中心位置，这时，毫伏计指针发生偏转，待指针稳定后，读出毫伏值（见图 2-12）。从与热电偶温度计配套的工作曲线上得知烟温。

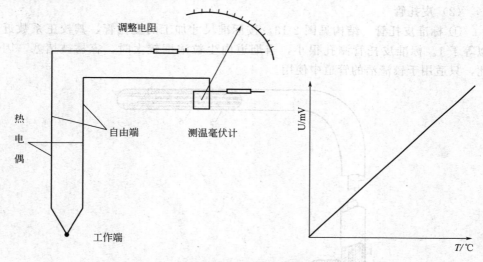

图 2-12　热电偶测温毫伏计工作原理示意图

（2）仪器

① 热电偶　镍铬-康铜，用于 800℃下烟气；镍铬-镍铝，用于 1300℃以下的烟气。

② 测温毫伏计　其测量步骤是：将热电偶的工作端伸进烟道后，须使热电偶工作端处于烟道中心，待毫伏计指针稳定不变时，再读数。

## （二）压力的测定

为了进行等速采样流量的计算和烟气中的有害物质的浓度及烟气排放量的计算，必须分别测定烟道气的压力、采样系统和空气环境中的压力，以便对气体体积进行校正换算。

1. 烟道管压力的测定

（1）压力的几个概念

① 烟气静压（$p_s$）　在单位体积内，由烟气本身的重量而产生的压力。当测

**125**

定点处于正压管段时，烟气静压为正值；反之，在负压管段则为负值。

② 烟气动压（$H_d$） 烟气流动时所具有压力，故又称为速度压。用它求其烟气流速，它必是正值。

③ 烟气全压（$H$） 烟气静压与动压之和。用它衡量排烟系统的阻力，是锅炉行业的一项经济指标。

④ 正压 管道内压力大于大气压的状态，为正压状态，反之，为负压状态。

⑤ 烟气绝对压力 $B_a \pm p_s$，$B_a$ 为大气压力（mmHg）。

（2）皮托管

① 标准皮托管 结构见图 2-13，按标准尺寸加工的皮托管，其校正系数近似等于1。标准皮托管测孔很小，当烟道内尘粒浓度较大时，容易被堵塞。因此，只适用于较清洁的管道中使用。

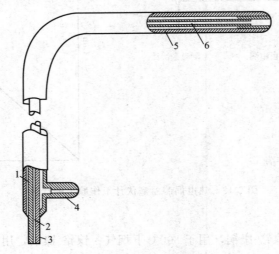

图 2-13 标准型皮托管

1—静压管；2—全压管；3—全压管接嘴；4—静压管接嘴；5—静压管测口；6—全压管测口

② S形皮托管 S形皮托管（图 2-14）在使用前必须用标准皮托管进行校正，求出它的校正系数。当流速在 5～30m/s 的范围内时，其速度校正系数平均

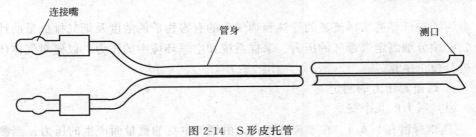

图 2-14 S形皮托管

值为 0.84。S 形皮托管不像标准皮托管那样呈 90°弯角，可以在厚壁烟道中使用，且开口较大，不易被尘粒堵塞。

③ 压力计

a. U 形压力计　是一 U 形玻璃管，内装测压液体，常用的测压液体有水、乙醇和汞，视被测压力范围来选定。压力 $p$ 按下式计算：

$$p = h\gamma \tag{2-17}$$

式中　$p$——压力，mmHg（1mmHg＝133.322Pa）；

　　　$h$——液柱差，mm；

　　　$\gamma$——测压液体的相对密度。

U 形压力计的误差，可达 1～2mm，不适于测量微小压力。

b. 倾斜式微压计　结构见图 2-15，一端为截面积较大的容器，另一端为倾斜玻璃管，管上刻度表示压力计读数。测压时，将微压计的容器开口与测量系统中压力较高的一端相连，作用于两个液面上的压力差使液柱沿斜管上升。压力 $p$ 按下式计算：

$$p = L\left(\sin\alpha + \frac{F_1}{F_2}\right)\gamma \tag{2-18}$$

式中　$p$——斜管内液柱长度，mm；

　　　$\alpha$——斜管与水平面夹角，°；

　　　$F_1$——斜管截面积，mm²；

　　　$F_2$——容器截面积，mm²；

　　　$\gamma$——测压液体相对密度，用相对密度为 0.81 的乙醇。

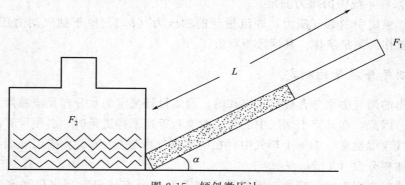

图 2-15　倾斜微压计

工厂生产的倾斜式微压计，修正系数 $K$ 即代表 $\left(\sin\alpha + \dfrac{F_1}{F_2}\right)$ 一项，则上式变为：

$$p = LK \tag{2-19}$$

④ 测量方法　测量烟气压力应在采样位置的管段，烟气压力在 150mmH₂O

**127**

以上时，用 U 形压力计测量。烟气压力在 150mmH₂O 以下时，用倾斜微压计测量。测压时，皮托管管嘴要对准气流，每次测定要反复三次以上，取其平均值。图 2-16 是测定烟气全压、静压和动压时，标准皮托管、S 形皮托管与倾斜微压计的连接方法。

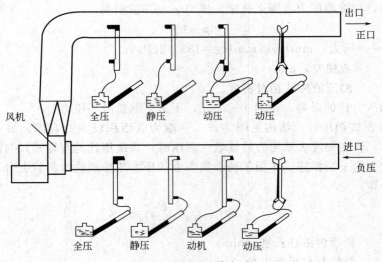

图 2-16　测压连接方法

**2. 大气压力的测定**

用空盒气压表测定大气压力（$B_a$）或向当地气象台（站）询问。

**3. 采样系统中的压力测定**

采样系统中的烟气压力，即流量计前的压力（$p_r$）。由于抽气动力压头大，常用水银作为测定液体，其读数为负值。

**（三）烟气含湿量的测定**

排出的烟气中水分含量是不饱和的，而流量计测定的水分却是该温度下饱和状态的。因此，在计算干烟气中的粉尘浓度和等速采样流量时，必须计算出含湿量。烟气含湿量常以 1kg 干烟气中存在的水蒸气的质量（$G_{sw}$）或用湿烟气中水蒸气的体积分数（$X_{sw}$）表示。

在此仅介绍用吸湿管法（重量法）和干湿球温度计温度测定仪法来测量含湿量。

**1. 重量法**

（1）原理　从烟道中抽出一定体积的烟气，使之通过装有吸湿剂的吸湿管，烟气中水汽被吸湿剂吸收。吸湿管的增重即为已知体积的烟气中含有的水汽量。

（2）仪器

① 进口带有尘粒过滤管的加热或保温采样管；

② U 形吸湿管；

③ 流量测量装置；

④ 抽气泵。

（3）吸湿剂 常用的吸湿剂有无水氯化钙、硅胶、氧化铝、五氧化二磷等。选用吸湿剂时，应注意吸湿剂只吸收烟气中的水汽，而不吸收水气以外的其他气体。

（4）吸湿管的准备 将颗粒状吸湿剂装入 U 形吸湿管内，吸湿剂上面填充少量的玻璃棉，以防止吸湿剂的飞散。关闭吸湿管活塞，擦去表面的附着物，用分析天平称重。

（5）采样 将仪器按图 2-17 连接，检查系统是否漏气，然后将采样管插入烟道中心位置，加热数分钟后，打开吸湿管活塞，以 1L/min 流量抽气。采样后，关闭吸湿管活塞，取下吸湿管，擦去表面附着物，用分析天平称重。

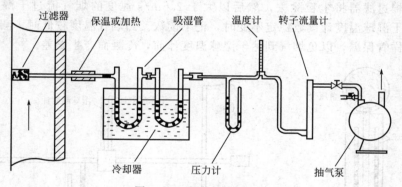

图 2-17 重量法测含湿量

（6）计算 烟气含湿量（$G_{sw}$）按下式计算：

$$G_{sw} = \frac{G_w}{\gamma_0 \left( V_d \dfrac{273}{273+t_r} \times \dfrac{B_a + p_r}{760} \right)} \times 10^3 \tag{2-20}$$

式中 $G_{sw}$——烟气含湿量，g/kg 干空气；

$\quad\;\; G_w$——吸湿管吸收水量，g；

$\quad\;\; \gamma_0$——标准状况下干烟气的相对密度，可取 1.293；

$\quad\;\; V_d$——抽取的干烟气体积（测量状态下），L；

$\quad\;\; t_r$——流量计前烟气的温度，℃；

$\quad\;\; B_a$——大气压力，mmHg(1mmHg=133.32Pa，下同)；

$\quad\;\; p_r$——流量计前的指示压力，mmHg。

若以体积分数计算，则按下式换算

**129**

$$X_{sw} = \frac{1.24G_w}{V_d \dfrac{273}{273+t_r} \times \dfrac{B_a+p_r}{760} + 1.24G_w} \times 100\%$$  (2-21)

式中　$X_{sw}$——烟气中水蒸气的体积分数，%；

　　　1.24——标准状况下 1g 水汽占有的体积，L。

2．干湿球法

（1）原理　使烟气以一定的速度流过干、湿球温度计，根据干、湿球温度计读数来确定烟气中水汽的体积分数。

（2）仪器

① 干湿球温度装置；

② 取样管；

③ 抽气泵。

（3）测定　将干湿球测量装置按图 2-18 连接，打开抽气泵抽气，烟气先通过玻璃棉过滤器将尘粒除去，然后以大于 2.5m/s 速度的烟气流过干湿球温度计，待干湿球温度计读数稳定不变时，记下读数。当烟气温度较低时，测定时要注意取样管保温，以免烟气到达干湿球温度计前，冷凝而产生误差。

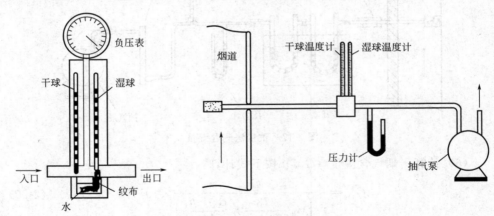

图 2-18　干湿球测量装置

烟气中水汽的体积分数按下式计算：

$$X_{sw} = \frac{p_{bv} - c(t_c - t_b)(B_a + p_b)}{B_a + p_s} \times 100\%$$  (2-22)

式中　$p_{bv}$——温度为 $t_b$ 时饱水蒸气压力，mmHg(1mmHg＝133.32Pa，下同)；

　　　$t_c$——干球温度，℃；

　　　$t_b$——湿球温度，℃；

　　　$p_b$——通过湿球表面的烟气压力，mmHg；

$p_s$——烟道烟气静压，mmHg，即负压表上的读数。

$c$——系数，等于 0.00066。

**【例 2-2】** 在实测中，为方便起见将图 2-18 的干湿球温度计连在系统中，按规定，抽气速度为 2.5m/s，稳定后读得 $p_b = -10mmHg$，$t_c = 52℃$，$t_b = 40℃$；并已测得 $p_g = -5mmHg$，现场大气压 $B_a = 760mmHg$，试求烟气中水蒸气的体积分数。

**解** 查表得 $t_b = 40℃$ 时的饱和水蒸气压力为 $p_b = 55.3mmHg$；在 2.5m/s 烟气抽动速度下，$c = 0.00066$，则将各参数代入式（2-22），计算出烟气中水蒸气的体积分数 $X_{sw}$ 为：

$$X_{sw} = \frac{55.3 - 0.00066 \times (52-40) \times (760-10)}{760-5} \times 100\% = 6.54\%$$

**（四）烟气流速和流量的计算**

**1. 流速测量**

（1）**原理** 根据烟气动压和烟气状态计算烟气的流速。

（2）**测量** 按采样位置和采样点的规定，在选定的测量位置和各测定点上，用皮托管和倾斜微压计测定各点的动压，每次测定要反复进行 3 次，取其平均值，然后按下式计算出测点的烟气流速：

$$V_s = 0.24K_p\sqrt{273+t_s} \cdot \sqrt{H_d} \tag{2-23}$$

式中　$t_s$——烟气温度，℃；

$K_p$——皮托管系数，0.84～0.85；

$H_d$——烟气动压，$mmH_2O$（$1mmH_2O = 9.80665Pa$）。

烟道内横断面上各采样点的平均流速按下式计算：

$$\overline{V_s} = \frac{V_{s_1} + V_{s_2} + \cdots + V_{s_n}}{n} \tag{2-24}$$

式中　$\overline{V_s}$——烟道内烟气的平均流速，m/s；

$V_{s_1}, V_{s_2}, \cdots, V_{s_n}$——横断面上各点烟气的流速，m/s。

或者，烟气的平均流速为：

$$\overline{V_s} = 0.24K_p\sqrt{T_s} \cdot \sqrt{H_d} \tag{2-25}$$

由上式可知，在实际测量中，只要测出烟气的温度（$T_s$，K）和各测点的动压后，即可计算出烟气的平均流速。

**2. 流量计算**

烟气流量等于测点烟道断面的截面积乘上烟气的平均流速，即：

$$Q_s = \overline{V_s}F \times 3600 \tag{2-26}$$

式中    $Q_s$——烟气流量，$m^3/h$；

　　　$F$——烟道断面的面积，$F=\pi r^2$，$m^2$。

标准状况下干烟气的流量为：

$$Q_{snd}=Q_s(1-X_{sw})\times\frac{273}{273+t_s}\times\frac{B_a+p_s}{760}\qquad(2-27)$$

式中    $Q_{snd}$——在标准状况下干烟气的流量，$m^3$标干/h。

## 知识五　固定污染源排气中颗粒物的测定（GB/T 16157—1996）

固定污染源中的颗粒物是指燃料和其他物质在燃烧、合成、分解以及各种物料在机械处理中所产生的悬浮于排放气体中的固态和液态颗粒状物质。

烟气中颗粒物采样方法是将采样管由采样孔插入烟道中，使采样嘴置于测点上正对气流，按颗粒物等速采样法采样。根据采样管滤筒上所捕集到的颗粒物量和同时抽取的气体量，计算出排气颗粒物浓度。

### （一）采样原则

#### 1. 等速采样

颗粒物具有一定的质量，在烟道中由于本身运动的惯性作用，不能完全随气流改变方向，为了从烟道中取得有代表性的烟尘样品，需等速采样，即烟气进入采样嘴的速度应与采样点的烟气速度相等。

采气流速大于或小于采样点烟气流速都将使采样结果产生偏差。当采样速度（$v_n$）大于采样点的烟气流速（$v_s$）时，由于气体分子的惯性小，容易改变方向，而尘粒惯性大，不容易改变方向，所以采样嘴边缘以外的部分气流被抽入采样嘴，而其中的尘粒按原方向前进，不进入采样嘴，从而导致测量结果偏低；当采样速度（$v_n$）小于采样点的烟气流速（$v_s$）时，情况正好相反，使测定结果偏高；只有$v_n=v_s$时，气体和烟尘才会按照它们在采样点的实际比例进入采样嘴，采集的烟气样品中烟尘浓度才与烟气实际浓度相同。

#### 2. 多点采样

由于颗粒物在烟道中的分布是不均匀的，要取得有代表性的烟尘样品，必须在烟道断面按一定的规则多点采样。

### （二）采样方法

#### 1. 移动采样

用同一个滤筒在已确定的各采样点上移动采样，各采样点的采样时间相同，计算烟道断面上颗粒物的平均浓度。

#### 2. 定点采样

在每个测点上采一个样，求出采样断面的颗粒物平均浓度，并可了解烟道断面上颗粒物浓度变化情况。

3. 间断采样

适用于周期性变化的排放源，根据工况变化及其延续时间，分时段采样，按时间平均加权计算断面的颗粒物平均浓度。

### （三）采样设备

尘粒采样系统由采样管、滤筒、流量测量装置和抽气泵等组成（图 2-19）。

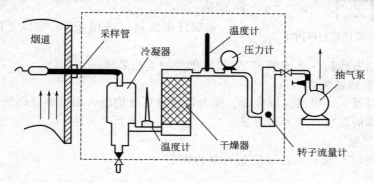

图 2-19 尘粒采样装置

1. 采样管

（1）普通型采样管 有玻璃纤维滤筒采样管和刚玉滤筒采样管两种（图 2-20，图 2-21）。

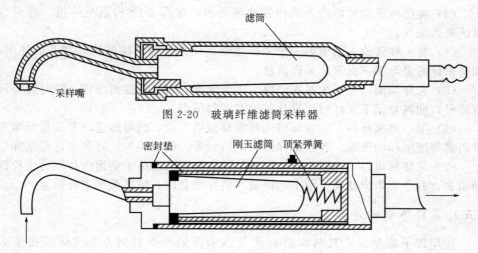

图 2-20 玻璃纤维滤筒采样器

图 2-21 刚玉滤筒采样管

**133**

图 2-22 采样嘴剖面图

（2）平衡型采样管　有静压平衡型等速采样管和动压平衡型等速采样管两种。

采样管通常由采样嘴、滤筒夹和连接管构成。采样嘴入口内径应大于 4mm，为了不扰动吸气口内外气流，嘴的前端应做成小于 30℃ 的锐角，锐边的厚度不能大于 0.3mm（图 2-22）。从采样嘴到尘粒捕集器之间的管道内表面应平滑不能有断面的突变。为了防止腐蚀，采样管宜用不锈钢制作。

2. 滤筒

（1）玻璃纤维滤筒　适用于 400℃ 以下的烟气尘粒采用。

（2）刚玉滤筒　适用于 850℃ 以下烟气的尘粒采样。

3. 流量测量装置

由冷凝器、干燥器、温度计、压力计和流量计构成，用以测量烟气的含湿量和采样气体的温度、压力和流量。

4. 抽气泵

以抽气量不低于 60L/min 旋片泵为宜。

## （四）采样步骤

（1）采样前，先测出各采样点的烟气流速、温度、含湿量和烟气静压。

（2）根据各样点的流速、烟气的状态参数和选用的采样嘴直径，计算出各采样点等速采样的流量。当用平衡型等速采样管时，不需上述步骤。

（3）将已称重的滤筒放入采样管滤筒夹内，按图 2-18 将系统连接，并检查系统是否漏气。

（4）将采样管放入烟道第一个采样点处，使采样嘴对准气流，打开抽气泵，调整采样流量至第一点等速采样流量。

（5）采样期间，由于尘粒在滤筒上逐渐聚集，阻力会逐渐增加，随时需要调节流量，同时要记下采样时流量计前的温度和压力。

（6）第一点采样后，应立即将采样管移到第二点，同时迅速调节流量至第二点所需等速采样的流量。各点采样的时间应相等。依此类推，对各点进行采样。

（7）采样结束后，切断电源，同时关闭管路，防止由于烟道内负压将尘粒倒抽出去，并小心取出滤筒。取下滤筒放入备好的盒内，带回天平室外恒重。

## （五）采样体积的计算

使用转子流量计，其前面装有使气体干燥的干燥器时，采气体积按下式计算：

$$V_{nd}=0.557Q'_r n\sqrt{\frac{B_a+p_r}{T_r}} \qquad (2\text{-}28)$$

式中　$V_{nd}$——采样体积，L；

　　　$Q'_r$——采样时流量计的读数，L/min；

　　　$n$——采样时间，min。

其他符号意义同前。

## （六）排放浓度、排放量的计算

### 1. 排放浓度

移动采样尘粒排放浓度按下式计算：

$$c=\frac{g}{V_{nd}}\times10^3 \qquad (2\text{-}29)$$

式中　$c$——尘粒排放浓度，$mg/m^3$；

　　　$g$——采样所得的尘粒质量，mg；

　　　$V_{nd}$——采样体积，L。

### 2. 尘粒排放量

尘粒排放量按下式计算：

$$G=cQ_{snd}\times10^{-6} \qquad (2\text{-}30)$$

式中　$G$——尘粒排放量，kg/h。

## （七）除尘效率的计算

### 1. 原理

根据除尘器进、出口管道内烟尘的浓度和烟气的流量，求出除尘效率。

### 2. 计算式

当除尘器进出口风量相同时，即 $Q_{id}=Q_{od}$；

$$\eta=\left(1-\frac{G_{后}}{G_{前}}\right)\times100\% \qquad (2\text{-}31)$$

式中　$\eta$——除尘效率，%；

　　　$G_{后}$——除尘器出口管道尘粒的排放量，kg/h；

　　　$G_{前}$——除尘器进口管道尘粒的排放量，kg/h。

# 知识六　固定污染源排气中气态污染物的测定
## （GB/T 16157—1996、HJ/T 397—2007）

## （一）采样点

由于气体在烟道内分布一般比较均匀，且无惯性影响，不必要等速采样，可在近烟道中心采样。若有害气体中含有雾滴或尘粒块物质，则应按照尘粒采样方法进行采样。

## （二）采样系统和装置

### 1. 气体采样系统

气体采样系统通常由采样管、捕集装置、流量测试装置和抽气泵等组成。根据采气量的大小，有注射器采样和抽气泵采样两种形式（图 2-23 和图 2-24）。前者适用于采集 1L 以上体积的气体，后者适用于采集少量气体。

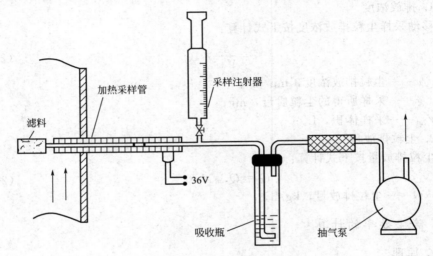

图 2-23　注射器采样系统

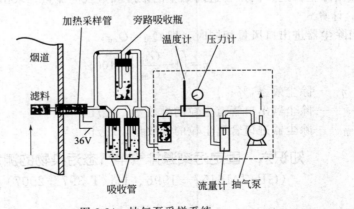

图 2-24　抽气泵采样系统

## 2.采样管

采样管的形式很多，常用的有加热式气体采样管（图 2-25），它适用于大多数有害气体的采样。

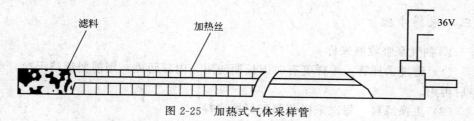

图 2-25 加热式气体采样管

采样管的材料应不吸附或不与采集的有害气体起化学反应，要耐腐蚀，并有较好的机械强度。对大多数气体可用不锈钢管制作。在采样管的入口装有尘粒过滤器，滤料可用无碱玻璃棉或刚玉砂。为了防止采集气体在采样管内冷凝，采样管要有电加热装置，加热电源宜采用 36V 低压直流电。

## 3.捕集装置

如图 2-26 的吸收瓶，对粒状物质的捕集，用玻璃筛板吸收瓶。

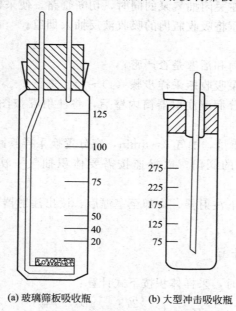

(a) 玻璃筛板吸收瓶　　(b) 大型冲击吸收瓶

图 2-26 常用气体捕集器

## 4.流量测量装置

流量测量装置与尘粒采样测量装置相似。由于大多数有害气体的采样流量不大，流量计宜采用 0～2L/min 的转子流量计。

**137**

### 5. 抽气泵

小流量采样多用膜片泵，当采样的气体体积很小时，可用带阀门的 200mL 硬质玻璃注射器，或真空采样瓶。

## （三）采样步骤

### 1. 抽气泵吸收瓶采样

（1）清洗采样管　采样管有时因长期使用，内部污染，用前要清洁干净，干燥后再用。

（2）更换滤料　每次采样前都要更换滤料。

（3）检查系统　采样系统连接好之后，应检查系统是否漏气。

（4）预热采样管　待采样管加热到所需温度后，再插入烟道。

（5）置换吸收瓶前采样管路的空气　正式采样前，用旁路吸收瓶置换吸收瓶前采样管路内的空气 3～5min。

（6）正式采样　将三通阀接通吸收系统，调节采样流量至需要的读数值，记下流量计的流量和流量计前烟气的温度和压力。

（7）采样结束　在关闭抽气泵的同时，切断管路，使采样管不与吸收系统相通，防止由于烟道负压将吸收瓶内的吸收液反抽入烟道。

### 2. 注射器采样

（1）检查注射器筒和活塞是否严密；

（2）按前述抽气泵吸收瓶采样步骤（1）～（4）进行；

（3）用吸收液充分润湿注射器筒内壁后，将注射器按图 2-23 连接在采样系统上；

（4）以 1L/min 流量，抽气 3～5min，充分置换采样管路内的空气；

（5）打开注射器的阀门，以慢速按需要体积抽气一次，然后关闭注射器阀门；

（6）从系统中取下注射器，冷却至室温后，读出注射器刻度上的采气量，并记下室温。

## （四）采气体积的计算

当用注射器采样时，采样体积按下式计算：

$$V_{nd} = V_f \frac{273}{273 + t_1} \times \frac{B_a - p_{bv}}{760} \tag{2-32}$$

式中　$V_{nd}$——采样体积，L；

　　　$V_f$——室温下，注射器刻度的采样体积，L；

　　　$t_1$——室温，℃；

$p_{bv}$——在 $t_1$ 时饱和蒸气压力，mmHg（1mmHg＝133.32Pa，下同）。

当用抽气泵吸收瓶采样系统时，采气体积按下式计算：

$$V_{nd}=V_t\frac{273}{273+t_r}\times\frac{B_a-p_r}{760}$$

$$(2-33)$$

式中　$V_t$——现场采样体积，为每分钟抽气流量乘以采气时间（min），L；

$t_r$——流量计前温度计上读数，℃；

$p_r$——流量计前压力计的读数，mmHg。

## （五）固定污染源排气中气态污染物的分析步骤

烟气中主要污染物为二氧化硫和二氧化氮，对于固定污染源排气中气态污染物的测定分析方法主要有碘量法和定电位电解法。本部分以定电位电解法测定固定污染源排气中的二氧化氮为例对分析测定步骤进行简单介绍。

定电位电解法测定原理是抽取废气样品进入主要由电解槽、电解液和电极（包括三个电极，分别称为敏感电极、参比电极和对电极）组成的传感器。NO或 $NO_2$ 通过渗透膜扩散到敏感电极表面，在敏感电极上发生氧化或还原反应，在对电极上发生还原或氧化反应。与此同时产生极限扩散电流，在一定的工作条件下，电子转移数、法拉弟常数、气体扩散面积、扩散常数和扩散层厚度均为常数，因此在一定范围内极限扩散电流的大小与 NO 或 $NO_2$ 的浓度成正比。本方法的检出限为一氧化氮 $3mg/m^3$（以 $NO_2$ 计），二氧化氮 $3mg/m^3$；测定下限为一氧化氮 $12mg/m^3$（以 $NO_2$ 计），二氧化氮 $12mg/m^3$。

测定分析时采用定电位电解法氮氧化物测定仪，仪器经零点校准完毕后，将仪器的采样管前端置于排气筒中，堵严采样孔，使之不漏气。待仪器示值稳定后，记录示值，每分钟至少记录一次监测结果。取 5～15min 平均值作为一次测定值。测定期间内，为保护传感器，应每测定一段时间后，依照仪器使用说明书用清洁的环境空气或氮气清洗传感器。取得测定结果后，将采样管置于清洁的环境空气或氮气中，使仪器示值回到零点附近。

具体的分析测定和计算过程可参考本模块的任务三部分。

## 知识七　固定污染源排放烟气黑度的测定　林格曼烟气黑度图法
### （HJ/T 398—2007）

烟气的黑度是指评价烟羽颜色深浅的一种指标。烟气黑度大，则烟气中的污染物浓度越高。林格曼黑度级数是评价烟羽黑度的一种数值，用肉眼观测的烟羽黑度与林格曼烟气黑度图对比得到。

测定固定污染源中烟气黑度的国家标准方法为林格曼烟气黑度图法。

## （一）原理

把林格曼烟气黑度图放在适当的位置上，将烟气的黑度与图上的黑度比较，由具有资质的观察者用目视观察来测定固定污染源排放烟气的黑度。本测定方法适用于固定污染源排放的灰色或黑色烟气在排放口处黑度的监测，不适用于其他颜色烟气的监测。

## （二）仪器

（1）林格曼烟气黑度图 标准的林格曼烟气黑度图由 14cm×21cm 的不同黑度的图片组成，除全白与全黑分别代表林格曼黑度 0 级和 5 级外，其余 4 个级别是根据黑色条格占整块面积的百分数来确定的，黑色条格的面积占 20％为 1 级，占 40％为 2 级，占 60％为 3 级，占 80％为 4 级，如图 2-27 所示。

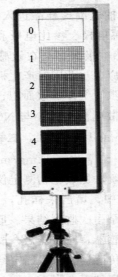

图 2-27　林格曼烟气黑度图

（2）计时器　秒表或手表，精度 1s。

（3）烟气黑度图架。

（4）风向、风速测定仪。

## （三）观测位置、条件和方法

### 1. 观测位置

应在白天进行观测，观察者与烟囱的距离应足以保证对烟气排放情况清晰地观察。林格曼烟气黑度图安置在固定支架上，图片面向观察者，尽可能使图位于观察者至烟囱顶部的连线上，并使图与烟气有相似的天空背景。图距观察者应有足够的距离，以使图上的线条看起来融合在一起，从而使每个方块有均匀的黑度，对于绝大多数观察者这一距离约为 15m。

2. 观测条件

（1）观察者的视线应尽量与烟羽飘动的方向垂直。观察烟气的仰视角不应太大，一般情况下不宜大于 45°，尽量避免在过于陡峭的角度下观察。

（2）观察烟气黑度力求在比较均匀的天空光照下进行。如果在太阳光照射下观察，应尽量使照射光线与视线成直角，光线不应来自观察者的前方或后方。雨雪天、雾天及风速大于 4.5m/s 时不应进行观察。

3. 观测方法

（1）观察烟气的部位应选择在烟气黑度最大的地方，该部分应没有冷凝水蒸气存在。观察时，将烟囱排出烟气的黑度与林格曼烟气黑度图进行比较，记下烟气的林格曼级数。如烟气黑度处于两个林格曼级之间，可估计一个 0.5 或 0.25 林格曼级数。每分钟观测 4 次，观察者不宜一直盯着烟气观测，而应看几秒钟然后停几秒钟，每次观测（包括观看和间歇时间）约 15s，连续观测烟气黑度的时间不少于 30min。

（2）观察混有冷凝水汽的烟气，当烟囱出口处的烟气中有可见的冷凝水汽存在时，应选择在离开烟囱口一段距离，看不到水汽的部位观察。

（3）观察含有水蒸气的烟气，当烟气中的水蒸气在离开烟囱出口的一段距离后，冷凝并且变为可见，这时应选择在烟囱口附近水蒸气尚未形成可见的冷凝水汽的部位观察。

（4）观察烟气宜在比较均匀的天空照明下进行。如在阴天的情况下观察，由于天空背景较暗，在读数时应根据经验取稍偏低的级数（减去 0.25 级或 0.5 级）。

（四）原始记录和数据处理

1. 现场情况记录

观察者应按现场观测数据原始记录表格的要求，填写观测日期、被测单位、设备名称、净化设施等内容，并将烟囱距观测点的距离、烟囱位于观测点的方向、风向和风速、天气状况以及烟羽背景的情况逐一填入表内。

2. 现场观测记录

每次观测 15s 记录一个读数，填入现场观测数据原始记录表格。每个读数都应反映 15s 内黑度的平均值。连续观测烟气黑度的时间 30min，在此期间进行 120 次观测，记录 120 个读数。对于烟气排放十分稳定的污染源，可酌情减少观测频次，每分钟观测 2 次，每 30s 记录一个读数，连续观测 30min，在此期间进行 60 次观测，记录 60 个读数。

3. 数据处理

（1）按林格曼黑度级别将观测值分级，分别统计每一黑度级别出现的累计次数和时间。

（2）除了在观测过程中出现 5 级林格曼黑度时，烟气黑度按 5 级计，不必继续观测外，其他情况都必须连续观测 30min。分别统计每一黑度级别出现的累计时间，烟气黑度按 30min 内出现累计时间超过 2min 的最大林格曼黑度级计。

（3）按以下顺序和原则确定烟气黑度级别

① 林格曼黑度 5 级　30min 内出现 5 级林格曼黑度时，烟气的林格曼黑度按 5 级计。

② 林格曼黑度 4 级　30min 内出现 4 级及以上林格曼黑度的累计时间超过 2min 时，烟气的林格曼黑度按 4 级计。

③ 林格曼黑度 3 级　30min 内出现 3 级及以上林格曼黑度的累计时间超过 2min 时，烟气的林格曼黑度按 3 级计。

④ 林格曼黑度 2 级　30min 内出现 2 级及以上林格曼黑度的累计时间超过 2min 时，烟气的林格曼黑度按 2 级计。

⑤ 林格曼黑度 1 级　30min 内出现 2 级及以上林格曼黑度的累计时间超过 2min 时，烟气的林格曼黑度按 1 级计。

⑥ 林格曼黑度＜1 级　30min 内出现小于 1 级林格曼黑度的累计时间超过 2min 时，烟气的林格曼黑度按＜1 级计。

● 议一议

（1）固定污染源的烟道布点位置如何选择？方形烟道如何布点？圆形烟道如何布点？

（2）固定污染源的烟尘如何进行测定？

（3）什么叫等速采样，为什么测烟尘时要等速采样，当采样速度大于或小于烟气流速时，有何影响？

（4）固定污染源中烟气黑度如何进行测定？

（5）固定污染源中氮氧化物如何进行测定？

● 技能训练——做一做

任务一　固定污染源烟气基本参数及烟尘的测定（GB/T 16157—1996）

（一）实验目的

（1）掌握烟道气基本参数的测定。

（2）掌握烟尘的采样方法。

（3）了解采样仪的使用方法

## （二）实验原理

烟尘采样原理：在选定的采样点上，通过采样管从烟道中按等速采样的原则抽取一定量的含尘气，经捕集装置将尘粒捕集下来，根据捕集的烟尘量，求出烟气中的烟尘浓度。

## （三）实验仪器

采样系统通常由采样管、捕集装置（滤筒）、流量计量和控制装置、抽气泵等几部分组成，现以微电脑平行采样仪为例；一般实验室采用仪器。

## （四）采样

### 1. 采样前的准备

（1）滤筒处理和称重　用铅笔将滤筒编号，在 105～110℃烘箱中烘烤 1h，取出放入干燥器中冷却 40min 至室温，用万分之一天平称重。当滤筒在 300℃ 以上高温烟气中使用时，为了减少滤筒本身失重，应预先在 400℃ 高温炉中烘烤 1h，然后再冷却至室温称重。

（2）检查　检查所有的测试仪器功能是否正常，干燥器中的硅胶是否失效，气体洗涤瓶的双氧水是否失效，并将整个系统连接起来，采样管、导气管、导压管是否畅通，检查系统是否漏气，以便及早维修更换。

（3）布点

① 选择测试开孔位置的理论依据　烟道中烟气速度场和烟尘浓度场的分布是不均匀的。一般情况下，速度场是中心处速度快，靠近管壁处的速度慢。而烟尘浓度场，在垂直烟道中，中心处烟尘粒子较小，浓度也较低；靠近管壁处的烟尘粒子较粗，浓度也较高。而在水平管道中，上部烟尘颗粒较细，浓度也低；而下部颗粒较大，浓度也偏高，特别是在烟气流速较低的烟道中更为明显。另外，烟道（从锅炉出口至烟囱入口）在走行中也有拐弯、风机、闸门等变径处，这些地方的气流因受干扰而产生涡流，严重影响速度场和浓度场的分布。因此，采用等速采样重量法测定烟尘浓度时，测量结果是否准确，是否有代表性，在很大程度上取决于测试开孔位置选择的正确与否。

② 选择测试开孔的原则　尽可能将测试开孔位置选在烟囱或地面管道气流平稳的平直管段上，而且应优先选择垂直管道；测孔位置距弯头、风机、闸门等变径处其下游方向要大于 6 倍直径，在其上游方向要大于 3 倍直径。如果现场条件确实满足不了上述要求，测孔位置距拐弯或变径处的距离，最少不能低于 1.5

倍直径，而且要适当增加断面测点数；测孔附近尽量开阔，采样时烟尘采样器送取方便，便于操作；采样断面的烟气流速一般应大于 5m/s。

2. 采样

（1）测点的确定　根据烟道断面大小，选择断面的形状、尺寸，确定采样位置和测点，然后将各采样点的位置在采样管上作上记号。

（2）湿度的测定　连接好测湿杆、湿度检测器和储水罐，使其与仪器相连接，利用干湿球法，测出烟气的湿度。

（3）预选嘴测量　为了从烟道中取得有代表性的烟尘样品，需等速采样，即气体进入采样嘴的速度 $V_n$ 应和采样点的烟气速度 $V_s$ 相等。采样速度大于或小于烟气速度都将使采样结果产生偏差。当 $V_n$ 大于采样点的烟气流速 $V_s$ 时，将使采得的样品浓度低于采点的实际浓度；反之，则使样品浓度大于实测浓度。选择适合的采样嘴很重要。

连接好仪器和烟枪，将烟枪放入烟道，选择预选嘴，仪器运行。根据对被测烟道的布点情况，测出相应各点的烟温和压力，求其各自的平均值后，程序会自动计算出采样嘴的直径。注：在作预测选嘴时，不接采样嘴。

（4）采样　将准备好的滤筒放入采样管的滤筒夹内，拧上采样头和采样嘴。采样头拧紧后，烟尘采样嘴和皮托管上烟气动压气嘴的方向应保持一致。设置好参数，开始采样。

采样时，采样嘴与气流方向的偏差不得大于 5°。采样换孔、换点、结束时有鸣叫提示；第一个采样点采样完毕，立即将采样管按顺序移到第二个采样点，继续采样。依此类推，按顺序在各点采样，采样时间视烟尘浓度而定，原则上每点采样时间应不少于 3min，各点采样时间应相等。

采样结束前，应提前 3~4s，把采样管从烟道内取出，避免由于烟道负压将尘粒倒抽出去。从烟道取出采样管时，注意不要倒置，以免尘粒损失。

用镊子将滤筒取出，轻轻敲打管嘴并用毛刷将附着在管嘴内的尘粒刷到滤筒中，放入盒中，带回实验室称重。

每次采样，至少采集三个样品，取平均值。记录采样原始数据：烟温、烟道含湿量、流量、标况流量、采样体积、标况采样体积等。

3. 样品处理

采样后的滤筒，放入 105℃ 烘箱中烘烤 1h，取出置于干燥器中，冷却40min 至室温，用万分之一天平称重，采样前后滤筒重量之差，即为采集的烟尘量。

（五）烟尘浓度的计算：

$$c = \frac{w - w_0}{V_{nd}} \times 10^3$$

式中　$c$——烟尘的排放浓度，$mg/m^3$；

　　　$w$——采样后滤筒的质量，g；

　　　$w_0$——采样前滤筒的质量，g；

　　　$V_{nd}$——标准状态下干烟气采样体积，$m^3$。

## 任务二　固定污染源排放烟气黑度的测定　林格曼烟气黑度图法
### （HJ/T 398—2007）

### （一）实验目的

（1）掌握林格曼烟气黑度图法的原理和方法；

（2）熟练掌握林格曼烟气黑度图法的操作。

### （二）实验原理

把林格曼烟气黑度图放在适当的位置上，将烟气的黑度与图上的黑度相比较，由具有资质的观察者用目视观察来测定固定污染源排放烟气的黑度。

标准的林格曼烟气黑度图由 14cm×21cm 的不同黑度的图片组成，除全白与全黑分别代表林格曼黑度 0 级和 5 级外，其余 4 个级别是根据黑色条格占整块面积的百分数来确定的，黑色条格的面积占 20% 为 1 级，占 40% 为 2 级，占 60% 为 3 级，占 80% 为 4 级。

### （三）仪器

林格曼烟气黑度图；计时器（秒表或手表），精度 1s；烟气黑度图支架；风向、风速测定仪。

### （四）实验操作方法

1．观测位置和条件

依据现场实际情况选择正确的观测位置，安装观测设备。具体内容详见本项目知识链接中的知识七。

2．观测方法

依据现场烟气情况和环境条件，合理选择观测方法。具体原则详见本项目知识链接中的知识七。

### （五）现场情况记录

规范填写烟气黑度观测原始数据记录表（见表 2-14）。

## 表 2-14 烟气黑度观测原始数据记录表

| 被测单位 | | | | | 观测日期 | |
|---|---|---|---|---|---|---|
| 设备名称 | | | | | 净化设施 | |

| 分＼秒 | 0 | 15 | 30 | 45 | |
|---|---|---|---|---|---|
| 0 | | | | | |
| 1 | | | | | |
| 2 | | | | | |
| 3 | | | | | **观测点位置与观测条件** |
| 4 | | | | | 烟囱距离_____ m；烟囱所在方向_____； |
| 5 | | | | | 烟囱高度_____ m；烟囱出口形状_____； |
| 6 | | | | | 风向_____；风速_____ m/s。 |
| 7 | | | | | 天气状况：□晴朗□少云□多云□阴天 |
| 8 | | | | | 烟羽背景：□无云□薄云□白云□灰云 |
| 9 | | | | | 备注： |
| 10 | | | | | |
| 11 | | | | | |
| 12 | | | | | |
| 13 | | | | | |
| 14 | | | | | |
| 15 | | | | | |
| 16 | | | | | |
| 17 | | | | | **观测值累计次数及时间** |
| 18 | | | | | 观测开始时间：_____时_____分； |
| 19 | | | | | 观测结束时间：_____时_____分 |
| 20 | | | | | |
| 21 | | | | | |
| 22 | | | | | 5级：_____次，累计时间_____ min； |
| 23 | | | | | ≥4级：_____次，累计时间_____ min； |
| 24 | | | | | ≥3级：_____次，累计时间_____ min； |
| 25 | | | | | ≥2级：_____次，累计时间_____ min； |
| 26 | | | | | ≥1级：_____次，累计时间_____ min； |
| 27 | | | | | <1级：_____次，累计时间_____ min |
| 28 | | | | | |
| 29 | | | | | |

烟气黑度（林格曼级）：

观测人：          校核人：

（六）注意事项

（1）用林格曼烟气黑度图法鉴定烟气的黑度取决于观察者的观察力和判断能力，观测人员的矫正视力应优于 1.0，必须经过技术培训，经考核合格，持证上岗。

（2）应使用符合规范要求的林格曼烟气黑度图，并注意保持图面的整洁。在使用过程中，林格曼烟气黑度图如果被污损或褪色，应及时更换新的图片。

（3）观测前先平整地将林格曼烟气黑度图固定在支架或平板上，支架的材料要求坚固轻便，支架或平板的颜色应柔和自然，不应对观察造成干扰。使用时图面上不要加任何覆盖层，以免影响图面的清晰。

（4）凭视觉所鉴定的烟气黑度是反射光的作用。所观测到的烟气黑度读数，不仅取决于烟气本身的黑度，同时还与天空的均匀性和亮度、风速、烟囱的大小结构（出口断面的直径和形状）及观测时照射光线和角度有关。在现场观测时，对这些因素应充分注意。

（5）一般用林格曼烟气黑度图鉴定黑色烟气效果较好，对于含有较多的水汽或其他结晶物质的白色烟气，效果较差。

（6）林格曼 0 级的白色图片可以提供一个有关照明的指标，用于发现图上的任何遮阴、照明不均匀。它还可以帮助发现图上的污点。

（7）在观测过程中，要认真作好观测记录，按要求填写记录表，计算观测结果。

（8）除排放标准另有规定或有特殊要求的监测外，一般污染源烟气黑度观测，应在生产设备和环保设施正常稳定运行的工况下进行。

## 任务三　固定污染源中氮氧化物的测定——定电位电解法
### （HJ 693—2014）

（一）实验目的

（1）掌握定电位电解法测定氮氧化物的原理和方法；
（2）熟练掌握氮氧化物的校准；
（3）熟练掌握采样仪器的操作。

（二）实验原理

抽取废气样品进入主要由电解槽、电解液和电极（包括三个电极，分别称为敏感电极、参比电极和对电极）组成的传感器。NO 或 $NO_2$ 通过渗透膜扩散到敏感电极表面，在敏感电极上发生氧化或还原反应，在对电极上发生还原或氧化反应。反应式如下：

$$NO+2H_2O \longrightarrow HNO_3+3H^++3e$$

$$NO_2+2H^++2e \longrightarrow NO+H_2O$$

或

$$NO_2+2e \longrightarrow NO+O^{2-}$$

与此同时产生极限扩散电流 $i$。在一定的工作条件下，电子转移数 $Z$、法拉弟常数 $F$、气体扩散面积 $S$、扩散常数 $D$ 和扩散层厚度 $\delta$ 均为常数，因此在一定范围内极限扩散电流 $i$ 的大小与 NO 或 $NO_2$ 的浓度（$\rho$）成正比。

$$i=\frac{ZFSD}{\delta}\times\rho \tag{2-37}$$

本标准的方法检出限为一氧化氮 $3mg/m^3$（以 $NO_2$ 计），二氧化氮 $3mg/m^3$；测定下限为一氧化氮 $12mg/m^3$（以 $NO_2$ 计），二氧化氮 $12mg/m^3$。

### （三）仪器

定电位电解法氮氧化物测定仪，组成有：主机（含流量控制装置、抽气泵、NO 和 $NO_2$ 传感器等），采样管（含滤尘装置和加热装置），导气管，除湿冷却装置，便携式打印机等。

气体流量计、标准气体钢瓶、集气袋。

### （四）试剂

一氧化氮、二氧化氮、氮气。

### （五）实验操作方法

1. 校准

仪器按以下测量的步骤测定标准气体。若示值误差绝对值≤5%（浓度<$100\mu mol/mol$ 时，误差≤$5\mu mol/mol$），仪器可用。否则，需校准。

校准方法如下。

（1）气袋法　先用气体流量计校准仪器的采样流量。用标准气体将洁净的集气袋充满后排空，反复三次，再充满后备用。按仪器使用说明书中规定的校准步骤进行校准。

（2）钢瓶法　先用气体流量计校准仪器的采样流量。将配有减压阀、可调式转子流量计及导气管的标准气体钢瓶与采样管连接，打开钢瓶气阀门，调节转子流量计，以仪器规定的流量，通入仪器的进气口，仪器采样流量示值与规定值应保持一致。注意各连接处不得漏气。按仪器使用说明书中规定的校准步骤进行校准。

2. 测定

（1）零点校准　正确连接仪器的主机、采样管（含滤尘装置和加热装置）、导气管、除湿冷却装置，以及其他装置。将加热装置、除湿冷却装置及其他装置等接通电源，达到仪器使用说明书中规定的条件。

打开主机电源，使微电脑平行采样仪进入烟气组分检测，从"主界面"选择"烟气"进入。传感器清洗：先抽 1min 的空气，然后对传感器调零。

调零有两种操作方法：一是用现场环境空气或实验室环境空气调零；二是用标准的零气调零。通常情况下，选择环境空气较好的场合调零即可，但传感器使用较长时间，需要用第二种方法进行调零。在确保传感器已调零后，在进行调零选择时不选择调零操作。

（2）样品测定　采样位置和采样点的设置符合 GB/T 16157、HJ/T 373 和 HJ/T 76 的规定。仪器的采样管前端尽量靠近排气筒中心位置。

零点校准完毕后，将仪器的采样管前端置于排气筒中，堵严采样孔，使之不漏气。待仪器示值稳定后，记录示值，每分钟至少记录一次监测结果。取 5～15min 平均值作为一次测定值。测定期间内，为保护传感器，应每测定一段时间后，依照仪器使用说明书用清洁的环境空气或氮气清洗传感器。

（3）测定结束　取得测定结果后，将采样管置于清洁的环境空气或氮气中，使仪器示值回到零点附近。

关机，切断电源，拆卸仪器的各部分连接，测定结束。

## （六）结果计算

$NO_x$ 浓度等于 NO 浓度与 $NO_2$ 浓度之和，按下式计算以 $NO_2$ 计的标准状态（273K，101.325kPa）下的质量浓度。

仪器示值以质量浓度表示时：

$$\rho(NO_x) = \frac{46}{30} \times \rho(NO) + \rho(NO_2)$$

式中　$\rho(NO_x)$——标准状态下干废气中 $NO_x$ 质量浓度，$mg/m^3$；

　　　$\rho(NO)$——标准状态下干废气中 NO 质量浓度，$mg/m^3$；

　　　$\rho(NO_2)$——标准状态下干废气中 $NO_2$ 质量浓度，$mg/m^3$。

氮氧化物的浓度计算结果只保留整数位。当浓度计算结果较高时，保留三位有效数字。

## （七）干扰

测定废气中的颗粒物和水分易在传感器渗透膜表面凝结，影响 NO 和 $NO_2$ 的测定。因而，本方法采用滤尘装置、除湿冷却装置等对废气中的颗粒物和水分进行预处理，去除影响。

$CO_2$、$NH_3$、CO、$SO_2$、$H_2$、HCl、$CH_4$、$C_2H_4$ 等气体会对 NO 和 $NO_2$ 的

测定产生不同程度的干扰，NO 和 $NO_2$ 之间也会产生相互干扰，干扰显著的，应在仪器的计算程序中修正。

## （八）说明及注意事项

（1）被测废气温度应不高于仪器说明书的规定或加热冷却装置的温度上限。

（2）测定结果应处于仪器校准量程的 20%～100% 之间。

（3）测定过程中，当仪器采样流量低于仪器规定值时，可采用外加抽气泵的方式解决。

（4）及时排空除湿冷却装置的冷凝水，防止影响测定结果。

（5）及时清洁滤尘装置，防止阻塞气路。

## ● 评一评

班级：_____ 组别：_____ 姓名：_____

| 项目考核 | | 评价内涵和标准 | 项目权重/% | 学生自评 20% | 学生互评 30% | 教师评价 50% |
|---|---|---|---|---|---|---|
| 考核内容 | 指标分解 | | | | | |
| 知识内容 | 固定污染源监测的知识，常用监测分析方法原理 | 结合学生自查资料，熟识固定污染源排气中颗粒物测定与气态污染物采样方法，了解常用的监测分析方法原理，熟悉具体操作步骤和仪器的使用 | 20 | | | |
| 项目完成度 | 常用监测方法的理解 | 能够掌握相关仪器的操作及使用流程 | 10 | | | |
| | 实践过程 | 实践操作的标准化、规范化程度 | 15 | | | |
| | | 知识应用能力,应变能力,能正确地分析和解决问题的能力 | 10 | | | |
| | 检测结果分析及优化 | 检测结果分析的表达与展示，能准确进行结果评价，准确回答师生提出的疑问 | 20 | | | |
| 表现 | 团队合作 | 能正确、全面获取信息并进行有效的归纳 | 5 | | | |
| | | 能在监测过程中注意安全,注意安全防范意识,选择最佳适合点位 | 5 | | | |
| | | 能积极参与分析方案的制订,进行小组谈论,提出自己的建议和意见 | 5 | | | |

续表

| 项目考核 | | 评价内涵和标准 | 项目权重/% | 学生自评 20% | 学生互评 30% | 教师评价 50% |
|---|---|---|---|---|---|---|
| 考核内容 | 指标分解 | | | | | |
| 表现 | 团队合作 | 善于沟通,积极与他人合作完成任务,能正确分析和解决问题 | 5 | | | |
| | | 遵守纪律,安全环保意识与总体表现 | 5 | | | |
| 综合评分 | | | | | | |
| 综合评语 | | | | | | |

# 模块三　综合能力培养模块
## ——综合实训

## 项目一　校园内空气环境质量监测

### 一、监测目的

（1）通过对校园环境空气的监测实训，进一步巩固环境空气监测基本操作技能，如监测方案的设计、现场采样、样品分析、监测报告的编制。

（2）通过对校园环境空气的监测和评价，了解校园的环境空气质量现状。

### 二、监测依据

（1）《环境空气质量手工监测技术规范》（HJ/T 194—2005）；

（2）《空气和废气监测分析方法》（第四版增补版），中国环境科学出版社，2003 年；

（3）《环境空气质量标准》（GB 3095—2012）。

### 三、监测内容

根据功能区布点法或网格布点法，对校园进行监测点位布设。并把监测点位、监测项目和监测频次在表 3-1 中列出。

表 3-1　监测内容

| 序号 | 监测点位 | 监测项目 | 监测频次 |
|---|---|---|---|
| 1 | | $SO_2$、$NO_2$、$PM_{10}$、$PM_{2.5}$ | 时均：4 次/天×7 天<br>日均：1 次/天×7 天 |
| 2 | | | |
| 3 | | | |
| ... | | | |

### 四、监测分析方法

监测分析方法在表 3-2 中列出。

表 3-2　监测分析方法

| | 监测项目 | 分析方法 | 方法来源 | 方法检出限 |
|---|---|---|---|---|
| 1 | $SO_2$ | 副玫瑰苯胺分光光度法 | HJ 482—2009 | $0.007mg/m^3$ |
| 2 | $NO_2$ | 盐酸萘乙二胺分光光度法 | HJ 479—2009 | $0.015mg/m^3$ |
| 3 | $PM_{10}$、$PM_{2.5}$ | 重量法 | HJ 618—2011 | $0.010mg/m^3$ |

## 五、质量控制与质量保证

（1）为确保监测数据的准确、可靠，在样品的采样、运输、储存、实验室分析和数据计算整理的全过程均按照《环境空气质量手工监测技术规范》（HJ/T 194—2005）的要求进行。

（2）所有监测及分析仪器均在有效检定期内，并参照有关计量检定规程定期校验和维护。

（3）分析人员经国家级考核合格，持证上岗。

## 六、监测结果

将环境空气质量监测结果统计于表 3-3。

表 3-3　环境空气质量监测结果

| 监测点位、时间 | | 时均浓度/（mg/m³） | | 日均浓度/（mg/m³） | | | |
|---|---|---|---|---|---|---|---|
| | | $SO_2$ | $NO_2$ | $SO_2$ | $NO_2$ | $PM_{10}$ | $PM_{2.5}$ |
| ××监测点位 | 第一天 | | | | | | |
| | 第二天 | | | | | | |
| | 第三天 | | | | | | |
| | … | | | | | | |
| 标准值 | | | | | | | |
| 是否超标 | | | | | | | |
| 超标倍数 | | | | | | | |

## 七、结论

××学校××同学于××年××月××日至××年××月××日，对校园××点位环境空气中 $SO_2$、$NO_2$、$PM_{10}$、$PM_{2.5}$进行了现场监测。监测结果表明：对照《环境空气质量标准》（GB 3095—2012）二级标准，××年××月××日至××年××月××日监测期间，××监测点位环境空气中 $SO_2$、$NO_2$、$PM_{10}$、$PM_{2.5}$监测值（是/否）有超标现象。

## 八、附录

附录1 环境空气质量监测采样原始记录表
附录2 环境空气质量监测分析原始记录表

# 项目二 ▶ 校园学生公寓内室内空气环境质量监测

## 一、监测目的

（1）通过对校园学生公寓内室内空气的监测实训，进一步巩固室内空气监测基本操作技能，如监测方案的设计、现场采样、样品分析、监测报告的编制。

（2）通过对校园学生公寓内室内空气的监测和评价，了解校园学生公寓内室内空气质量现状。

## 二、监测依据

（1）《室内环境空气质量监测技术规范》（HJ/T 167—2004）；

（2）《室内空气质量标准》（GB/T 18883—2002）。

## 三、监测内容

将监测点位、监测项目和监测频次在表3-4中列出。

表3-4　监测内容

| 序　号 | 监测点位 | 监测项目 | 监测频次 |
|---|---|---|---|
| 1 | | 甲醛、苯、甲苯、二甲苯 | 时均：1次/天×1天 |
| 2 | | | |
| 3 | | | |
| ... | | | |

## 四、监测分析方法

监测分析方法在表3-5中列出。

表3-5　监测分析方法

| | 监测项目 | 分析方法 | 方法来源 | 方法检出限 |
|---|---|---|---|---|
| 1 | 甲醛 | 乙酰丙酮分光光度法 | GB/T 15516—1995 | 0.008mg/m³ |
| 2 | 苯、甲苯、二甲苯 | 气相色谱法 | HJ 584—2010 | 0.0015mg/m³ |

## 五、质量控制与质量保证

（1）为确保监测数据的准确、可靠，在样品的采样、运输、储存、实验室分析和数据计算整理的全过程均按照《室内环境空气质量监测技术规范》（HJ/T 167—2004）的要求进行。

（2）所有监测及分析仪器均在有效检定期内，并参照有关计量检定规程定期校验和维护。

（3）分析人员经国家级考核合格，持证上岗。

## 六、监测结果

将室内空气质量监测结果统计于表 3-6。

**表 3-6  室内空气质量监测结果**

| 监测点位、时间 | | 时均浓度/(mg/m³) | | | |
|---|---|---|---|---|---|
| | | 甲醛 | 苯 | 甲苯 | 二甲苯 |
| ××监测点位 | ××年××月××日 | | | | |
| | 标准值 | | | | |
| | 是否超标 | | | | |
| | 超标倍数 | | | | |

## 七、结论

××学校××同学于××年××月××日，对校园××学生公寓室内空气中甲醛、苯、甲苯、二甲苯进行了现场监测。监测结果表明：对照《室内空气质量标准》（GB/T 18883—2002），××年××月××日监测期间，××监测点位室内空气中甲醛、苯、甲苯、二甲苯监测值（是/否）有超标现象。

## 八、附录

附录 3  室内空气质量监测采样原始记录表
附录 4  室内空气质量监测分析原始记录表

## 项目三 ▶ 校园食堂锅炉排气筒废气监测

## 一、监测目的

（1）通过对校园食堂锅炉排气筒废气实训，进一步巩固废气监测基本操作技能,如监测方案的设计、现场采样、样品分析、监测报告的编制。

(2) 通过对校园食堂锅炉排气筒废气监测和评价,了解校园食堂锅炉排气筒废气污染程度。

## 二、监测依据

(1)《固定污染源排气中颗粒物测定与气态污染物采样方法》(GB/T 16157—1996);

(2)《空气和废气监测分析方法》(第四版增补版),中国环境科学出版社,2003 年;

(3)《锅炉大气污染物排放标准》(GB 13271—2014)。

## 三、监测内容

按照《固定污染源排气中颗粒物测定与气态污染物采样方法》(GB/T 16157—1996)技术要求选择合适的监测点位,并将监测点位、监测项目和监测频次在表 3-7 中列出。

表 3-7　监测内容

| 序　号 | 监测点位 | 监测项目 | 监测频次 |
|---|---|---|---|
| 1 | | $SO_2$、$NO_x$、烟尘 | 一次值:3 次/天×2 天 |
| 2 | | | |
| 3 | | | |
| ... | | | |

## 四、监测分析方法

监测分析方法在表 3-8 中列出。

表 3-8　监测分析方法

| | 监测项目 | 分析方法 | 方法来源 | 方法检出限 |
|---|---|---|---|---|
| 1 | $SO_2$ | 定电位电解法 | HJ/T 57—2000 | 1 mg/m³ |
| 2 | $NO_x$ | 定电位电解法 | 《空气和废气监测分析方法》(第四版增补版) | 1mg/m³ |
| 3 | 烟尘 | 重量法 | GB/T 16157—1996 | 0.001mg/m³ |

## 五、质量控制与质量保证

(1) 按监测规定对废气测定仪器进行校准检查。

（2）严格按照《固定污染源排气中颗粒物测定与气态污染物采样方法》（GB/T 16157—1996）和《空气和废气监测分析方法》（第四版增补版）进行采样及分析测试。

（3）分析人员经国家级考核合格，持证上岗。

## 六、监测结果

将废气监测结果统计于表 3-9。

表 3-9　废气监测结果

| 监测点位、时间 | | 一次值/(mg/m³) | | |
|---|---|---|---|---|
| | | $SO_2$ | $NO_x$ | 烟尘 |
| ××监测点位 | 第一天第 1 次 | | | |
| | 第一天第 2 次 | | | |
| | 第一天第 3 次 | | | |
| | … | | | |
| | 最大值 | | | |
| | 标准值 | | | |
| | 是否超标 | | | |
| | 超标倍数 | | | |
| | 备注 | 须指出锅炉型号、建成使用时间、燃料种类、装机容量、排气筒实际高度等信息 | | |

## 七、结论

××学校××同学于××年××月××日至××年××月××日，对校园××点位锅炉废气中 $SO_2$、$NO_x$ 和烟尘进行了现场监测。监测结果表明：对照《锅炉大气污染物排放标准》（GB 13271—2014）的相应标准限值，××年××月××日至××年××月××日监测期间，该废气中 $SO_2$、$NO_x$ 和烟尘监测值（是/否）有超标现象。

## 八、附录

附录 5　废气采样原始记录表
附录 6　烟尘分析原始记录表

# 附　录

## 附录 1　环境空气质量监测采样原始记录表

### 环境空气采样原始记录表

项目名称：

任务编号：　　　　　　采样点名称：　　　　　　采样日期：

采样器型号、名称：　　天气状况：

采样器编号：

计算公式：$V_0 = \dfrac{T_0}{T_1} \times \dfrac{p_1}{p_0} \times V_1 = \dfrac{273}{273+t} \times \dfrac{p_1}{101.3} \times V_1$

| 监测项目 | 样品编号 | 采样时间 | | 环境气温/℃ | 环境气压/kPa | 相对湿度/% | 风向/(°) | 风速/(m/s) | 累积采样时间/min | 采样流量/(L/min) | 采样体积/L | 标态采样体积/L | 方法依据 | 备注 |
|---|---|---|---|---|---|---|---|---|---|---|---|---|---|---|
| | | 起始时间 | 终止时间 | | | | | | | | | | | |
| | | | | | | | | | | | | | | |
| | | | | | | | | | | | | | | |
| | | | | | | | | | | | | | | |
| | | | | | | | | | | | | | | |
| | | | | | | | | | | | | | | |

样品现场处理情况：

采样人员：　　　　　　记录人员：　　　　　　校核人员：

　　　　　　　　　　　记录时间：　　　　　　校核时间：

# 附录2 环境空气质量监测分析原始记录表

## 分光光度法分析原始记录表

任务名称：　　　　　　　方法依据：　　　　　　　分析日期：
任务编号：　　　　　　　检出下限：　　　　　　　仪器型号：
样品类型：　　　　　　　分析项目：　　　　　　　仪器编号：

测定波长：　　　　比色皿厚度：

| 序号 | 原码编号 | 密码编号 | 取样量（　） | 定容体积（　） | 稀释倍数 | 样品吸光度 A | 试剂空白吸光度 $A_0$： | | 测定值（　） | 样品结果（　） | 备注 |
|---|---|---|---|---|---|---|---|---|---|---|---|
| | | | | | | | $A-A_0$ | | | | |
| | | | | | | | | | | | |
| | | | | | | | | | | | |
| | | | | | | | | | | | |

| 标准曲线 | 标液含量（　） | | | | | | |
|---|---|---|---|---|---|---|---|
| | 吸光度 A | | | | | | 标准使用液浓度： |
| | $A-A_0$ | | | | | | $a=$　　　$b=$　　　$r=$ |

分析人员：　　　　　　　　　　　　审核人员：
解码：　　　　　　　　　　　　　　审核日期：

第　页　共　页

# 附录 2 环境空气质量监测分析原始记录表（续）

## 颗粒物浓度分析原始记录表

项目名称：  任务编号：  天平名称、型号：  编号：

分析方法：重量法  计算公式：$\rho_B = W \times 1000/V_n$  收样日期：  分析日期：

| 序号 | 滤膜编号 | 滤膜质量/g | | | 颗粒物质量 W | 标态采样体积 $V_n/m^3$ | 浓度 $\rho_B/(mg/m^3)$ | 备注 |
| --- | --- | --- | --- | --- | --- | --- | --- | --- |
| | | 采样前 $W_1$ | 采样后 $W_2$ | 差值 $W_0$ | | | | |
| | 空白 1 | | | | | | | |
| | 空白 2 | | | | | | | |
| | | | | | | | | |
| | | | | | | | | |
| | | | | | | | | |
| | | | | | | | | |

最低检出限：

分析人员：  审核人员：

审核时间：

# 附录3 室内空气质量监测采样原始记录表

项目名称：

联系人：

监测日期：

装修竣工时间：

## 室内空气采样原始记录表

任务编号：　　　　　　　　方法依据：

联系电话：　　　　　　　　检测地址：

天气情况：　　　　　　　　大气压力：　　　　kPa

室内温度：　　　　　　　　室内相对湿度：　　　％

| 采样点位 | 样品编号 | 检测项目 | 检测面积 /m² | 对外门窗面积 /m² | 采样流量 /(L/min) | 采样时间 /min | 检测结果 | 室内基本情况 | 备注 |
|---|---|---|---|---|---|---|---|---|---|
|  |  |  |  |  |  |  |  |  |  |
|  |  |  |  |  |  |  |  |  |  |
|  |  |  |  |  |  |  |  |  |  |
|  |  |  |  |  |  |  |  |  |  |
|  |  |  |  |  |  |  |  |  |  |
|  |  |  |  |  |  |  |  |  |  |
|  |  |  |  |  |  |  |  |  |  |
|  |  |  |  |  |  |  |  |  |  |

采样人员：　　　　　　记录人员：　　　　　　校核人员：

　　　　　　　　　　　记录时间：　　　　　　校核时间：

第　页　共　页

**161**

# 附录 4 ▶ 室内空气、空气质量监测分析原始记录表

**分光光度法分析原始记录表**

任务名称：　　　　　　　　　　　　　　　　　　　　　　分析日期：
任务编号：　　　　　　　方法依据：　　　　　　　　　　仪器型号：
样品类型：　　　　　　　检出下限：　　　　　　　　　　仪器编号：
　　　　　　　　　　　　分析项目：

测定波长：　　　　　　　比色皿厚度：　　　　　　　　　试剂空白吸光度 $A_0$：

| 序号 | 原码编号 | 密码编号 | 取样量（ ） | 定容体积（ ） | 稀释倍数 | 样品吸光度 $A$ | $A-A_0$ | 测定值（ ） | 样品结果（ ） | 备注 |
|---|---|---|---|---|---|---|---|---|---|---|
| | | | | | | | | | | |
| | | | | | | | | | | |
| | | | | | | | | | | |
| | | | | | | | | | | |
| | | | | | | | | | | |

| 标准曲线 | 标液含量（ ） | | | | | | | 标准使用液浓度： |
|---|---|---|---|---|---|---|---|---|
| | 吸光度 $A$ | | | | | | | |
| | $A-A_0$ | | | | | | | $a=$　　$b=$　　$r=$ |

解码：　　　　　　　　　分析人员：　　　　　　　　　审核人员：
　　　　　　　　　　　　　　　　　　　　　　　　　　审核日期：

第　　页　共　　页

## 附录 4 ▶▶ 室内空气质量监测分析原始记录表（续）

气相色谱分析原始记录

任务名称：
任务编号：
样品类型：

方法依据：
检出下限：
谱图文件：

分析日期：
仪器型号：
仪器编号：

| 序号 | 密码编号 | 色谱柱 | 温度/℃ | 汽化室 | 进样量 （　　） | 萃取体积 （　　） | 取样量 （　　） | 柱温 | 检测器 | 柱压/kPa | 流量 （　　） | N₂ | H₂ | 空气 | 备注 |
|---|---|---|---|---|---|---|---|---|---|---|---|---|---|---|---|
| | 原码编号 | | | | | | | 分析项目 | 分析项目 | 分析项目 | | 分析项目 | | | |
| | | | | | | | | 峰高□ 峰面积□ | 峰高□ 峰面积□ | 峰高□ 峰面积□ | | 峰高□ 峰面积□ | | | |
| | | | | | | | | 测定值 | 样品结果 | 测定值 | 样品结果 | 测定值 | 样品结果 | | |
| | | | | | | | | （　） | （　） | （　） | （　） | （　） | （　） | | |

分析人员：

审核人员：
审核日期：

解码：

第　页　共　页

**163**

# 附录5 废气采样原始记录表

## 固定污染源排气中污染物采样原始记录表

项目名称：　　　　　　任务编号：　　　　　　污染物名称：

仪器型号：　　　　　　仪器编号：　　　　　　采样日期：

方法依据：　　　　　　引风机型号：　　　　　引风机额定风量：

环境温度：　　℃　　大气压：　　kPa

| 样品（或滤筒）编号 | 监测项目 | 采样流量 $Q/(L/min)$ | 计前压力 $p_r(kPa)$ | 计前温度 $T_r/℃$ | 采样时间 $t/min$ | 排气温度 /℃ | 标干采气体积 $V_{nd}/L$ | 实测烟气流量 $Q/(m^3/h)$ | 标干烟气流量 $Q_{nd}/(m^3/h)$ |
|---|---|---|---|---|---|---|---|---|---|
|  |  |  |  |  |  |  |  |  |  |
|  |  |  |  |  |  |  |  |  |  |
|  |  |  |  |  |  |  |  |  |  |
|  |  |  |  |  |  |  |  |  |  |
|  |  |  |  |  |  |  |  |  |  |

污染源基本情况

被监测设备名称及型号：

排气筒高度：

排气筒材质：

排气筒断面尺寸：

其　他：

备　注

燃料种类：　　　　　燃料消耗量：　　　　　生产负荷率：

采样人员：　　　　　记录人员：　　　　　校核人员：

　　　　　　　　　　记录时间：　　　　　校核时间：

第　页　共　页

# 附录 6  烟尘分析原始记录表

## 烟尘浓度分析原始记录表

项目名称：　　　　　任务编号：　　　　　天平名称、型号：　　　　　编号：

分析方法：　　　　　计算公式：$\rho_B = W \times 1000/V_{nd}$　　　　　收样日期：　　　　　最低检出限：

分析日期：

| 序号 | 滤筒编号 | 滤筒质量/g | | | 烟尘质量 $W$ | 标干采气体积 $V_{nd}/m^3$ | 浓度 $\rho_B/(mg/m^3)$ | 备 注 |
|---|---|---|---|---|---|---|---|---|
| | | 采样前 $W_1$ | 采样后 $W_2$ | 差值 $W_0$ | | | | |
| | 空白1 | | | | | | | |
| | 空白2 | | | | | | | |
| | | | | | | | | |
| | | | | | | | | |
| | | | | | | | | |
| | | | | | | | | |

分析人员：　　　　　审核人员：

　　　　　　　　　　审核时间：

第　页　共　页

**165**

# 参考文献

[1]  国家环境保护总局．空气和废气监测分析方法．第 4 版（增补版）．北京：中国环境科学出版社，2007.

[2]  梁晓星．空气环境监测．北京：化学工业出版社，2010.

[3]  李国刚．环境空气和废气污染物分析测试方法．北京：化学工业出版社，2013.

[4]  吴邦灿．现代环境监测技术．北京：中国环境出版社，2005.

[5]  陈玲．环境监测．北京：化学工业出版社，2014.

[6]  史永纯．环境监测．上海：华东理工大学出版社，2011.

[7]  郝吉明．城市机动车排放污染控制．北京：中国环境科学出版社，2001.

[8]  大气污染源控制手册编写组编．有色金属工业大气污染源控制手册．北京：中国环境科学出版社，2000.

[9]  姚运先．环境监测技术．北京：化学工业出版社，2008.

[10]  中国标准出版社第二编辑室．环境监测方法标准汇编——空气环境．北京：中国标准出版社，2011.